Intelligenza Artificiale Generativa

Il Futuro è Qui: Scopri i Segreti dell'IA Generativa per Rimanere Competitivo nel Tuo Settore

Jonathan Reed & Alessandra Bianchi

Contents

3

Capitolo 1: Introduzione all'Intelligenza Artificiale

Definizione di Intelligenza Artificiale

L'**Intelligenza Artificiale** (IA) si riferisce alla capacità delle macchine di svolgere compiti che, se svolti da esseri umani, richiederebbero intelligenza. Questo include attività come il riconoscimento del linguaggio, l'analisi di immagini, la risoluzione di problemi complessi e, in alcuni casi, persino il processo decisionale autonomo. In sintesi, l'IA mira a emulare comportamenti "intelligenti" negli esseri umani, integrando tecniche matematiche e informatiche che consentono ai computer di apprendere e adattarsi.

Ambiti e livelli di IA

Per comprendere appieno l'ampio spettro dell'Intelligenza Artificiale, è utile esplorare i tre principali livelli di IA: **Narrow AI** (IA ristretta), **General AI** (IA generale) e **Superintelligenza**. Ognuno di questi livelli rappresenta uno stadio di avanzamento nell'intelligenza delle macchine e si differenzia per complessità e capacità.

Narrow AI (IA Ristretta)

L'IA ristretta è quella che conosciamo e usiamo quotidianamente: comprende sistemi progettati per svolgere compiti specifici in ambiti ben definiti. **Esempi di Narrow AI** includono assistenti vocali come Siri o Alexa, sistemi di raccomandazione come quelli di Netflix o Amazon, e programmi di riconoscimento facciale. Questa tipologia di IA è altamente specializzata e non ha la capacità di "pensare" o svolgere compiti al di fuori del campo per il quale è stata progettata.

Nonostante la sua limitazione, l'IA ristretta è estremamente utile in una vasta gamma di applicazioni industriali, mediche, finanziarie e commerciali. Le sue capacità di apprendimento automatico le consentono di migliorare con l'esperienza, ma sempre entro confini specifici.

General AI (IA Generale)

L'IA Generale rappresenta una forma più avanzata di intelligenza artificiale, che al momento non è ancora realizzata, ma rimane un obiettivo di ricerca. L'IA generale avrebbe la capacità di comprendere, apprendere e applicare conoscenze in modo autonomo e versatile, proprio come farebbe un essere umano. Questo livello di IA potrebbe essere in grado di passare da un compito all'altro senza bisogno di istruzioni specifiche, imparando e adattandosi come un umano nel corso del tempo.

Una IA generale riuscirebbe a replicare l'ampiezza e la profondità dell'intelligenza umana, affrontando compiti complessi, formulando ragionamenti e mostrando una comprensione contestuale che oggi non è ancora possibile. Un esempio di IA Generale, se esistesse, sarebbe un sistema capace di conversare su qualsiasi argomento e di apprendere nuove discipline autonomamente, oltre a risolvere problemi in campi diversi senza un addestramento mirato per ciascuno di essi.

Superintelligenza

La **superintelligenza** rappresenta una forma ipotetica di IA che supera le capacità cognitive umane. Mentre l'IA generale punta a eguagliare l'intelligenza umana, la superintelligenza andrebbe oltre, dimostrando un livello di conoscenza, creatività e adattabilità superiore a quello di qualsiasi essere umano. Questo livello di IA è ancora solo teorico e non esistono tecnologie attuali che lo avvicinino.

La superintelligenza è spesso al centro di dibattiti etici e filosofici, poiché il suo avvento potrebbe avere profonde implicazioni sulla società e sulla nostra posizione come specie. Un sistema dotato di superintelligenza avrebbe potenzialmente la capacità di superare i limiti umani, risolvendo problemi complessi come le malattie globali o il cambiamento climatico, ma potrebbe anche comportare rischi, in quanto potrebbe agire con finalità indipendenti o non allineate agli interessi umani.

Origini dell'Intelligenza Artificiale

Le origini dell'Intelligenza Artificiale si intrecciano con i tentativi umani di comprendere e riprodurre il pensiero. La domanda su cosa significhi "pensare" e su come una macchina potrebbe emularlo risale a millenni fa e ha radici filosofiche e matematiche. Diversi pensatori, scienziati e filosofi si sono posti interrogativi fondamentali su come funzionano la mente e l'intelligenza, gettando le basi per quello che sarebbe diventato uno dei campi più innovativi e affascinanti della scienza moderna.

Le radici filosofiche dell'IA

Già nell'antichità, filosofi come Aristotele e successivamente Cartesio si chiedevano se la razionalità umana potesse essere replicata in una forma non umana. Le loro domande andavano oltre il concetto di intelligenza: cercavano di comprendere i meccanismi della mente umana e la sua capacità di ragionare e imparare. I filosofi si domandavano se la mente potesse essere ridotta a un sistema di regole e se queste regole potessero essere riprodotte meccanicamente.

Queste riflessioni erano, ovviamente, speculative e si limitavano a una comprensione astratta della razionalità e della coscienza, poiché la tecnologia per costruire macchine intelligenti non esisteva ancora. Tuttavia, l'idea che l'intelligenza potesse essere codificata o quantificata costituiva una base concettuale fondamentale per gli sviluppi successivi.

L'influenza di Alan Turing e il "Test di Turing"

Un momento cruciale nella storia dell'IA arrivò nel 1950 con **Alan Turing**, matematico e logico britannico, che propose l'idea di macchine capaci di "pensare". Turing fu uno dei primi a esplorare in modo concreto come la mente umana e l'intelligenza potessero essere simulate attraverso una macchina. La sua famosa pubblicazione, **"Computing Machinery and Intelligence"**, rappresentò un punto di svolta. In questo saggio, Turing propose una domanda provocatoria: "Le macchine possono pensare?" e, per rispondere, sviluppò quello che oggi conosciamo come **Test di Turing**.

Il Test di Turing è un esperimento concettuale pensato per valutare se una macchina possa dimostrare un comportamento indistinguibile da quello umano. Nella sua formulazione, una persona (detta giudice) interagisce con una macchina e con un altro essere umano senza sapere chi sia chi. Se il giudice non riesce a distinguere quale delle risposte provenga dalla macchina, allora, secondo Turing, possiamo dire che la macchina ha raggiunto una forma di intelligenza.

Il Test di Turing continua a essere una pietra miliare e uno spunto di riflessione sull'intelligenza artificiale, poiché pone il problema della comprensione e dell'imitazione del linguaggio umano, un'impresa estremamente complessa.

Dai calcoli alle "macchine pensanti"

La pubblicazione di Turing non solo introdusse il concetto di "macchine pensanti" ma inaugurò anche una nuova disciplina di ricerca. I matematici e gli scienziati iniziarono a sviluppare macchine capaci di compiere calcoli complessi, e la nozione di calcolo automatico iniziò a prendere forma. Un altro esempio importante risale agli **anni '40**, quando Warren McCulloch e Walter Pitts svilupparono un modello matematico di neurone, ispirato al funzionamento del cervello umano. Questo modello divenne uno dei fondamenti delle reti neurali artificiali, uno degli strumenti chiave nell'IA moderna.

L'idea era che, se la mente umana potesse essere vista come un insieme di processi logici e di circuiti, allora sarebbe possibile riprodurre alcuni aspetti del pensiero umano con una macchina. Questa concezione portò alla nascita della cibernetica e pose le basi per lo sviluppo del machine learning e del deep learning, due pilastri dell'intelligenza artificiale.

Dalla filosofia alla scienza: la nascita dell'Intelligenza Artificiale come disciplina

È negli **anni '50**, però, che l'Intelligenza Artificiale iniziò a essere vista come una vera e propria disciplina scientifica. Nel **1956**, John McCarthy, insieme a Marvin Minsky, Claude Shannon e altri, organizzò un workshop presso il Dartmouth College, nel New Hampshire. Questo evento è considerato la "nascita ufficiale" dell'IA. Fu qui che McCarthy coniò il termine "Intelligenza Artificiale" e propose una serie di obiettivi e sfide per il nuovo campo di studio. L'incontro gettò le basi per gli sviluppi successivi e l'IA iniziò a evolversi come una disciplina a sé, distinta dalla matematica e dall'informatica.

Da quel momento, l'intelligenza artificiale iniziò un lungo cammino che l'avrebbe portata a diventare uno degli ambiti più complessi e interdisciplinari della scienza moderna, basato sull'interazione tra matematica, logica, neuroscienze, ingegneria e psicologia.

Dalle Origini agli Anni '50: Le Prime Teorie e l'Influenza di Turing

Negli anni precedenti al 1950, la ricerca sull'intelligenza artificiale era ancora agli albori, ma le teorie e le scoperte fatte in questo periodo avrebbero avuto un impatto duraturo. In questa fase, l'interesse era rivolto principalmente alla comprensione matematica e filosofica del pensiero e dei processi logici, poiché l'idea di costruire macchine realmente "intelligenti" era ancora distante.

I primi studi sull'automazione e la logica matematica - L'interesse per l'automazione e la logica risale all'antica Grecia, ma la vera svolta avvenne nel **XIX secolo** con i lavori di matematici come **George Boole**, il cui sistema di algebra logica gettò le basi per le operazioni binarie che oggi costituiscono il linguaggio delle macchine. Questo sistema, noto come **algebra booleana**, ha permesso di descrivere operazioni logiche in termini matematici. Le logiche booleane vennero integrate nei primi calcolatori meccanici, ponendo così le fondamenta della programmazione e del funzionamento dei computer moderni.

I concetti di logica formale e calcolo - Negli anni '30, uno dei maggiori contributi alla comprensione del calcolo fu portato dal matematico **Kurt Gödel**, che con i suoi **teoremi di incompletezza** dimostrò che in ogni sistema logico sufficientemente complesso esistono verità che non possono essere provate all'interno del sistema stesso. Questo concetto rivelava i limiti di qualsiasi sistema di calcolo, mettendo in luce la complessità del ragionamento matematico.

Alan Turing e la sua influenza sul concetto di "macchine intelligenti"

La Macchina di Turing - Uno degli sviluppi più rivoluzionari di questo periodo fu la proposta della **Macchina di Turing**, un modello teorico presentato da Alan Turing nel **1936** che rappresentava un calcolatore astratto capace di svolgere qualunque calcolo. La Macchina di Turing ha fornito il modello concettuale per la progettazione di tutti i moderni computer digitali, dimostrando come si potesse utilizzare una macchina per eseguire una serie di istruzioni codificate. Questo concetto introdusse l'idea che le operazioni logiche potessero essere formalizzate e replicate meccanicamente, aprendo la strada alla programmazione e all'automazione.

La Macchina di Turing aveva un significato profondo anche per l'IA: rappresentava il primo tentativo concreto di costruire un dispositivo teorico in grado di compiere operazioni cognitive. Turing intuì che il pensiero umano, se ridotto a una serie di passaggi logici, poteva teoricamente essere riprodotto da una macchina. Questo non solo confermava che le macchine potessero calcolare, ma anche che, almeno in teoria, potessero imitare il ragionamento umano.

La Teoria della Computabilità e il Test di Turing - Nel **1950**, Turing esplorò ulteriormente la relazione tra macchine e pensiero nel suo famoso articolo, **"Computing Machinery and Intelligence"**. In questo testo, Turing sollevò per la prima volta la questione dell'intelligenza delle macchine con la domanda "Le macchine possono pensare?". A questa domanda, tuttavia, Turing preferì dare una risposta pratica piuttosto che puramente teorica, sviluppando il **Test di Turing**.

Come già accennato, il Test di Turing consiste in un esperimento di interazione tra un umano e una macchina: se un giudice umano non riesce a distinguere la macchina dall'essere umano, la macchina può essere considerata "intelligente". Questo esperimento rappresentava un traguardo fondamentale nella filosofia e nella scienza della cognizione, poiché trasformava il problema dell'intelligenza artificiale da una questione filosofica astratta a una sfida pratica.

Verso l'Elettronica e i Primi Calcolatori

Mentre Turing elaborava i fondamenti teorici dell'IA, il mondo della tecnologia stava compiendo progressi straordinari verso l'informatica digitale. Negli anni **'40**, grazie alla crescente comprensione dell'elettronica e ai progressi nella costruzione dei circuiti, i primi computer digitali furono sviluppati per scopi militari e scientifici. Questi computer utilizzavano i concetti di logica booleana e circuiti a transistor, rendendo possibile l'elaborazione di calcoli estremamente complessi.

Tra i pionieri della costruzione dei primi calcolatori digitali vi fu **John von Neumann**, che nel **1945** sviluppò l'architettura di Von Neumann, una struttura per computer ancora utilizzata oggi. L'architettura di Von Neumann ha reso possibile la memorizzazione di istruzioni e dati nello stesso sistema, aumentando notevolmente l'efficienza dei calcolatori e consentendo un'ampia gamma di elaborazioni logiche.

L'eredità delle teorie degli anni '50 - Negli anni '50, quindi, i concetti di calcolo e automazione stavano assumendo un carattere pratico e concreto. La ricerca scientifica si stava muovendo dalla pura teoria matematica verso l'applicazione pratica di macchine capaci di svolgere calcoli complessi. In questo decennio, si stavano formando le basi dell'intelligenza artificiale come disciplina autonoma, grazie anche agli avanzamenti nella logica matematica e nei primi computer digitali. Questo decennio rappresentò il punto di partenza per gli sviluppi successivi, preparando il terreno per la nascita formale dell'intelligenza artificiale come campo di studio e per l'emergere di tecnologie che avrebbero reso possibile una nuova era di innovazione scientifica.

Dagli Anni '60 agli Anni '80: La Crescita e le Prime Battute d'Arresto dell'IA

Con l'inizio degli anni '60, l'Intelligenza Artificiale divenne un campo di ricerca riconosciuto, in cui studiosi e scienziati iniziarono a formulare nuovi approcci per costruire macchine intelligenti. Questo periodo di ricerca pionieristica fu caratterizzato da un entusiasmo crescente per l'IA e da finanziamenti governativi significativi, specialmente negli Stati Uniti, grazie alle potenziali applicazioni di IA in ambito militare, medico e industriale. Tuttavia, dagli anni '70 emerse un rallentamento che avrebbe poi portato a una riduzione di interesse e risorse, in un fenomeno conosciuto come il primo "winter dell'IA".

Lo sviluppo del linguaggio Lisp e dell'IA simbolica

Uno dei primi traguardi significativi negli anni '60 fu la creazione di Lisp, un linguaggio di programmazione inventato da John McCarthy nel 1958 per supportare il lavoro di ricerca in Intelligenza Artificiale. Lisp fu progettato per trattare dati simbolici, quindi per elaborare rappresentazioni di oggetti o situazioni piuttosto che numeri. Questo linguaggio permise ai ricercatori di manipolare simboli e logica astratta, strumenti indispensabili per risolvere problemi complessi e supportare attività come il ragionamento e la comprensione del linguaggio naturale.

L'IA simbolica, nota anche come IA "basata su regole", divenne quindi il paradigma principale per simulare l'intelligenza. In questo modello, i sistemi venivano programmati per risolvere problemi tramite una serie di regole logiche, spesso utilizzando strutture di dati complesse per rappresentare la conoscenza. Questa tecnologia permise la creazione dei sistemi esperti, il primo grande successo dell'IA applicata.

I primi sistemi esperti

A partire dagli anni '70, i sistemi esperti emersero come una delle applicazioni di maggior successo dell'IA simbolica. I sistemi esperti erano progettati per risolvere problemi in domini altamente specifici, simulando le capacità decisionali di esperti umani attraverso l'uso di regole if-then (se-allora). Uno degli esempi più noti di sistema esperto fu DENDRAL, sviluppato alla Stanford University negli anni '60 per aiutare nella determinazione della struttura molecolare di sostanze chimiche. DENDRAL fu il primo sistema a ottenere risultati comparabili a quelli di un esperto umano in un settore specifico.

Un altro esempio di sistema esperto fu MYCIN, sviluppato negli anni '70 per la diagnosi di infezioni batteriche e per suggerire trattamenti basati su antibiotici. MYCIN rappresentò un progresso notevole poiché utilizzava una base di conoscenze formata da regole derivate da esperti medici. Questi sistemi esperti mostravano una capacità limitata di ragionamento, ma dimostrarono che l'IA poteva essere utilizzata per svolgere compiti complessi e prendere decisioni accurate in contesti specifici.

Crescita delle aspettative e limiti dell'IA simbolica

Mentre il successo dei sistemi esperti continuava, le aspettative verso l'IA simbolica e i sistemi basati su regole crebbero notevolmente. Sostenuti da ingenti finanziamenti, i ricercatori speravano di estendere le capacità dell'IA a una varietà di nuovi campi e di sviluppare sistemi sempre più complessi. Tuttavia, gli approcci simbolici presentavano numerosi limiti: l'IA basata su regole era incapace di adattarsi a situazioni nuove, di gestire la complessità dei dati non strutturati e di apprendere autonomamente. Man mano che i problemi divenivano più complessi, la quantità di regole necessarie aumentava esponenzialmente, rendendo i sistemi costosi, difficili da mantenere e poco efficienti.

Queste limitazioni evidenziarono la necessità di un diverso approccio per creare macchine intelligenti, poiché i metodi simbolici si rivelavano inadatti a trattare l'incertezza e la variabilità delle situazioni reali. Si cominciò a comprendere che le vere sfide per l'IA non potevano essere risolte solo con regole predeterminate e logica simbolica.

Il primo "winter dell'IA": Declino dei finanziamenti e calo dell'interesse

Entro la fine degli anni '70 e l'inizio degli anni '80, le aspettative elevate riguardo all'IA simbolica cominciarono a scontrarsi con la realtà dei risultati limitati. Gli investimenti significativi in progetti di IA non stavano producendo i progressi previsti, e la ricerca stava diventando sempre più costosa. Questi insuccessi portarono a un ridimensionamento dei finanziamenti governativi, e molte aziende ridussero il loro supporto alla ricerca, segnando quello che divenne noto come il primo "winter dell'IA".

Il "winter" fu un periodo di scetticismo e disillusione in cui l'entusiasmo verso l'IA svanì e le aspettative si ridimensionarono. I progressi rallentarono, e molte iniziative di ricerca vennero sospese, a testimonianza dei limiti dell'IA simbolica e della necessità di nuovi approcci per superare i problemi emersi.

L'Era Moderna dell'Intelligenza Artificiale

Dopo il periodo di stagnazione degli anni '80 e '90, l'intelligenza artificiale ha conosciuto una **rinascita all'inizio degli anni 2000**, grazie a una serie di cambiamenti tecnologici e sociali che hanno permesso agli scienziati di superare molte delle limitazioni precedenti. I progressi in ambito hardware e la crescita esponenziale dei dati disponibili hanno reso possibile l'utilizzo di approcci innovativi e la ripresa degli studi nel campo dell'apprendimento automatico. Questo periodo, spesso definito come l'era moderna dell'IA, ha portato a una diffusione massiccia della tecnologia in settori sempre più diversificati.

L'Aumento della Potenza di Calcolo e il Ritorno del Machine Learning

Con l'inizio del nuovo millennio, l'evoluzione dei **computer e dei processori grafici** (GPU) ha reso possibile una potenza di calcolo senza precedenti. A differenza dei sistemi del passato, limitati dalle capacità computazionali, la tecnologia moderna permette di eseguire miliardi di operazioni al secondo. Questo miglioramento è stato fondamentale per lo sviluppo di modelli di intelligenza artificiale più complessi, che richiedono una quantità enorme di elaborazione dati, soprattutto nel campo del **deep learning**.

Le GPU, inizialmente progettate per il rendering di grafica complessa nei videogiochi, si sono rivelate ideali per supportare calcoli paralleli massivi, necessari per addestrare reti neurali profonde. Grazie alle GPU e a tecnologie di calcolo avanzate come il **cloud computing**, i ricercatori e le aziende hanno potuto accedere a una potenza di calcolo distribuita e scalabile, abbattendo i costi e migliorando la velocità di elaborazione.

La Rivoluzione dei Big Data

Un'altra svolta cruciale è stata rappresentata dall'**esplosione dei dati**, spesso definita come la rivoluzione del **Big Data**. Grazie alla crescita di Internet, dei dispositivi mobili e dei social media, la quantità di dati generata ogni giorno ha raggiunto proporzioni enormi. Informazioni come testi, immagini, video, dati GPS, transazioni finanziarie e registri medici sono diventate disponibili in volumi e varietà impensabili in passato.

Questi dati sono alla base dei moderni modelli di apprendimento automatico, che richiedono un'enorme quantità di esempi per migliorare le proprie prestazioni. Con l'aumento dei dati, i modelli di IA possono essere addestrati su una quantità di informazioni sufficiente a identificare pattern complessi e fare previsioni precise in contesti diversi. In questo senso, i big data non solo alimentano l'IA, ma ne sono anche il motore, consentendo di realizzare applicazioni pratiche in settori come la salute, il commercio, la finanza e la produzione industriale.

La Rinascita del Deep Learning e delle Reti Neurali

Negli anni 2000, il **deep learning** ha rappresentato uno dei progressi più importanti nel campo dell'intelligenza artificiale. Grazie alla disponibilità di dati e alla potenza di calcolo, gli scienziati hanno potuto sviluppare reti neurali profonde, cioè modelli di rete a strati (deep neural networks) che emulano il funzionamento dei neuroni nel cervello umano. Questi modelli si sono dimostrati particolarmente efficaci nel riconoscimento delle immagini, nella traduzione automatica, nel riconoscimento vocale e in molte altre applicazioni.

Un momento decisivo nella storia del deep learning si è avuto nel **2012**, quando una rete neurale profonda chiamata AlexNet vinse la **competizione ImageNet**, ottenendo risultati rivoluzionari nel riconoscimento delle immagini. Il successo di AlexNet dimostrò che le reti neurali profonde potevano superare di gran lunga i metodi di IA tradizionali in una vasta gamma di compiti, rendendo il deep learning uno degli approcci più popolari nell'IA moderna.

L'Evoluzione del Cloud Computing e dell'Edge AI

L'introduzione e la diffusione del **cloud computing** hanno rappresentato un altro grande impulso all'intelligenza artificiale. Grazie al cloud, le aziende e i ricercatori possono accedere a risorse di calcolo flessibili e scalabili senza dover sostenere i costi di infrastrutture hardware dedicate. I principali fornitori di cloud come Amazon Web Services, Microsoft Azure e Google Cloud hanno reso possibile lo sviluppo di modelli IA su vasta scala, senza i vincoli di capacità dei singoli dispositivi.

Recentemente, con la crescita dell'**Internet of Things** (IoT) e delle applicazioni mobili, è emersa la necessità di eseguire elaborazioni e analisi direttamente sui dispositivi stessi, senza fare affidamento sul cloud. Questo fenomeno è noto come **edge AI**. L'edge AI permette di implementare applicazioni di intelligenza artificiale su dispositivi come smartphone, sensori e apparecchiature industriali, offrendo analisi in tempo reale e una maggiore efficienza. L'evoluzione dell'edge AI sta aprendo la strada a nuove opportunità per l'intelligenza artificiale in campi come la manutenzione predittiva, la salute e la sicurezza.

Le Applicazioni Moderne e l'IA nella Vita Quotidiana

Oggi, l'intelligenza artificiale è una realtà che permea molti aspetti della nostra vita quotidiana. Alcuni degli esempi più comuni di applicazioni di IA includono:

- **Assistenti vocali** come Siri, Alexa e Google Assistant, che utilizzano il riconoscimento vocale e l'elaborazione del linguaggio naturale per rispondere a domande e gestire comandi.

- **Sistemi di raccomandazione** su piattaforme come Netflix, Amazon e Spotify, che analizzano i dati degli utenti per suggerire contenuti personalizzati.

- **Veicoli autonomi** e sistemi avanzati di assistenza alla guida, che si affidano a tecniche di visione artificiale e machine learning per prendere decisioni sulla strada.

- **Applicazioni mediche** che utilizzano l'IA per diagnosticare malattie, analizzare immagini mediche e pianificare trattamenti personalizzati.

Queste applicazioni sono solo l'inizio di ciò che l'IA può offrire e mostrano come la combinazione di big data, potenza di calcolo e algoritmi avanzati abbia trasformato il campo dell'intelligenza artificiale, rendendola uno strumento potente e onnipresente.

Concetti Fondamentali dell'IA: Gli Algoritmi

Un **algoritmo** è una sequenza di istruzioni ben definite che indicano a un computer come svolgere un compito specifico o risolvere un problema. Gli algoritmi rappresentano il **"motore" dell'intelligenza artificiale**: sono le regole e le logiche che consentono alle macchine di prendere decisioni, elaborare dati e risolvere problemi, simulando processi cognitivi umani.

Nell'IA, gli algoritmi si occupano di trasformare grandi quantità di dati grezzi in conoscenza utile o in azioni. Essi operano analizzando pattern, identificando relazioni e producendo previsioni o raccomandazioni. Gli algoritmi di IA si dividono in varie categorie a seconda della loro funzione, ma possono essere generalmente distinti in **algoritmi deterministici** e **algoritmi probabilistici**.

Algoritmi Deterministici

Gli **algoritmi deterministici** sono algoritmi che seguono un percorso di calcolo definito e prevedibile. Ogni volta che vengono eseguiti con gli stessi dati in ingresso, produrranno esattamente lo stesso risultato. Questo tipo di algoritmo segue regole precise, senza incertezze o ambiguità. Di solito, gli algoritmi deterministici vengono utilizzati in contesti in cui si richiede precisione e affidabilità, come nelle operazioni matematiche e nei calcoli scientifici.

Esempi di algoritmi deterministici includono:

- **Ricerca binaria**, che consente di trovare rapidamente un elemento in una lista ordinata.

- **Algoritmi di ordinamento** come il quicksort e il mergesort, che riorganizzano dati in un ordine specifico.

- **Sistemi di regole** (rule-based systems), dove una serie di condizioni e azioni definite risponde in modo prevedibile a ogni input.

Nonostante l'efficacia, gli algoritmi deterministici sono limitati in termini di flessibilità: possono funzionare solo in condizioni ben definite e non sono adatti a situazioni in cui è presente una grande quantità di variabilità o incertezza.

Algoritmi Probabilistici

Gli **algoritmi probabilistici**, al contrario, includono una componente di casualità o di stima. Questi algoritmi non garantiscono sempre lo stesso risultato per uno stesso input, ma producono risposte basate su probabilità e su analisi statistiche. Questo li rende particolarmente utili in situazioni in cui esiste una certa imprevedibilità, come nelle previsioni di mercato, nel riconoscimento vocale e visivo, o nella diagnosi medica.

Gli algoritmi probabilistici sono fondamentali per il machine learning, poiché permettono ai modelli di **apprendere dai dati** e di migliorare le proprie performance con l'esperienza. Utilizzano tecniche statistiche per stimare le probabilità di un evento, classificare dati o identificare pattern, basandosi su relazioni osservate piuttosto che su regole rigide.

Esempi di algoritmi probabilistici includono:

- **Alberi decisionali** e **reti bayesiane**, che prendono decisioni in condizioni di incertezza.

- **Algoritmi di clustering** come il k-means, che raggruppano dati simili senza conoscere anticipatamente le categorie.

- **Algoritmi genetici** e tecniche di ottimizzazione, che generano soluzioni "vicine all'ottimale" basandosi su stime e non su un percorso fisso.

Il Ruolo degli Algoritmi nell'IA

Nell'intelligenza artificiale, gli algoritmi servono per "addestrare" le macchine e insegnare loro a prendere decisioni intelligenti. I **modelli di machine learning** si basano su algoritmi probabilistici che permettono di adattarsi, classificare e prevedere dati nuovi partendo da quelli osservati. In modo simile, nel **deep learning** si utilizzano reti neurali che apprendono dai dati grazie a calcoli probabilistici complessi.

Gli algoritmi possono essere considerati l'elemento centrale che permette all'IA di **imitare processi umani** quali l'apprendimento, la comprensione del linguaggio e la visione. Grazie agli algoritmi, le macchine possono, per esempio, interpretare il testo, riconoscere volti e persino creare nuove strategie per giochi complessi.

Apprendimento Automatico (Machine Learning)

L'**apprendimento automatico**, o **machine learning** (ML), è un sottoinsieme dell'intelligenza artificiale in cui le macchine imparano a svolgere compiti specifici analizzando grandi quantità di dati, senza essere programmate esplicitamente per eseguire quelle attività. Invece di seguire istruzioni prestabilite, i modelli di machine learning identificano pattern e strutture nei dati, consentendo ai sistemi di fare previsioni, prendere decisioni e migliorare con l'esperienza.

L'apprendimento automatico ha avuto un impatto rivoluzionario, poiché consente alle macchine di adattarsi a nuovi dati e situazioni. Questo tipo di apprendimento è impiegato in molte applicazioni moderne, come il riconoscimento vocale, le raccomandazioni sui prodotti, la diagnosi medica e i sistemi di guida autonoma.

Come Funziona il Machine Learning

Il processo di machine learning si basa su algoritmi che "apprendono" da **set di dati di addestramento**. In genere, un modello di machine learning è addestrato su un grande set di dati per riconoscere pattern, correlazioni o regole che lo aiutano a risolvere problemi o fare previsioni. Una volta addestrato, il modello può essere utilizzato su nuovi dati per svolgere compiti simili a quelli appresi. Questo approccio all'apprendimento automatico si differenzia dal paradigma tradizionale della programmazione, poiché la macchina è in grado di migliorare le proprie prestazioni tramite la pratica, proprio come un essere umano.

Tipi di Apprendimento Automatico

Esistono diversi tipi di machine learning, che si distinguono principalmente per il modo in cui il modello apprende dai dati. I tre tipi principali di apprendimento sono: **apprendimento supervisionato, apprendimento non supervisionato** e **apprendimento per rinforzo**.

1. Apprendimento Supervisionato

Nell'**apprendimento supervisionato**, il modello di machine learning viene addestrato su un set di dati in cui ogni input è associato a un'etichetta o a un output noto. L'obiettivo del modello è imparare a mappare gli input agli output corretti in modo da poter fare previsioni accurate su nuovi dati. Gli algoritmi supervisionati costruiscono una **funzione** che associa gli input a un output specifico, come la previsione del prezzo di una casa in base alla posizione, alla dimensione e ad altre caratteristiche.

Esempi di algoritmi di apprendimento supervisionato includono:

- **Regressione lineare e regressione logistica**, utilizzati per previsioni continue e classificazioni binarie.

- **Alberi decisionali e foreste casuali** (random forests), che prendono decisioni su base di domande o regole.

- **Reti neurali supervisionate**, utilizzate in applicazioni complesse come il riconoscimento delle immagini e la diagnosi medica.

L'apprendimento supervisionato è ideale quando sono disponibili molti dati già etichettati e l'obiettivo è fare previsioni accurate o classificare dati nuovi e simili a quelli di addestramento.

2. Apprendimento Non Supervisionato

Nell'**apprendimento non supervisionato**, il modello di machine learning non ha accesso a etichette o output noti. Invece, deve imparare autonomamente le strutture e i pattern nascosti nei dati. L'obiettivo dell'apprendimento non supervisionato è scoprire gruppi o relazioni nei dati, senza che siano forniti esempi espliciti. Questo tipo di apprendimento è ampiamente usato per **clusterizzare** i dati, identificare pattern, ridurre la dimensionalità e ottenere insight che non sarebbero immediatamente visibili.

Esempi di algoritmi di apprendimento non supervisionato includono:

- **Algoritmi di clustering**, come il k-means, che raggruppano dati simili.

- **Algoritmi di riduzione della dimensionalità**, come l'Analisi delle Componenti Principali (PCA), che semplificano i dati mantenendo le informazioni più rilevanti.

- **Algoritmi di associazione**, come l'algoritmo Apriori, utilizzati per scoprire associazioni tra elementi nei dati, come nelle raccomandazioni di acquisto.

L'apprendimento non supervisionato è particolarmente utile quando i dati sono abbondanti ma non etichettati, come nei social media, nelle analisi dei clienti o nella ricerca scientifica, dove si vuole individuare pattern sconosciuti.

3. Apprendimento per Rinforzo

L'**apprendimento per rinforzo** è un tipo di apprendimento automatico in cui un agente intelligente interagisce con un ambiente, prendendo azioni per massimizzare una ricompensa cumulativa. A differenza dell'apprendimento supervisionato, non ci sono etichette fisse; l'agente apprende dal feedback ricevuto tramite un sistema di ricompense e penalità. Ogni volta che l'agente compie un'azione, riceve un "feedback" che lo premia se l'azione porta a un risultato positivo e lo penalizza se è negativo.

Questo tipo di apprendimento si utilizza per problemi dove le decisioni prese in una fase possono influenzare lo stato successivo, come nei giochi, nella robotica, nei sistemi di raccomandazione personalizzati e nei sistemi di guida autonoma.

Esempi di algoritmi di apprendimento per rinforzo includono:

- **Q-learning**, in cui l'agente aggiorna il proprio comportamento per massimizzare la ricompensa attesa per ogni stato.

- **Proximal Policy Optimization** (PPO) e **Deep Q-Networks** (DQN), utilizzati nei giochi e nella robotica per ottimizzare il comportamento dell'agente.

L'apprendimento per rinforzo è ideale in contesti in cui il sistema deve migliorare attraverso tentativi ed errori e dove è difficile etichettare esplicitamente ogni possibile situazione.

Deep Learning: Un Livello Avanzato di Machine Learning

Il **deep learning** è una sottocategoria del machine learning che si basa su reti neurali profonde, ossia strutture complesse ispirate al funzionamento del cervello umano. Si tratta di una tecnologia particolarmente potente e innovativa, che ha rivoluzionato diversi campi grazie alla sua capacità di analizzare enormi quantità di dati e identificare pattern complessi. Il deep learning è particolarmente indicato per applicazioni che richiedono un alto livello di accuratezza, come il riconoscimento vocale, la visione artificiale, la traduzione automatica e la diagnosi medica.

Come Funziona il Deep Learning

Alla base del deep learning vi è l'**architettura delle reti neurali profonde** (deep neural networks). Le reti neurali sono strutture composte da neuroni artificiali organizzati in strati (layer): uno strato di input, uno o più strati nascosti (hidden layers) e uno strato di output. Questi strati di neuroni elaborano i dati passandoli da uno all'altro attraverso connessioni ponderate, in modo da ottenere una rappresentazione sempre più dettagliata e complessa delle informazioni.

1. **Strato di Input**: Il primo strato della rete riceve i dati grezzi. Ad esempio, per un'immagine, i neuroni di input ricevono valori che rappresentano i pixel.

2. **Strati Nascosti**: Ogni strato nascosto applica calcoli complessi e utilizza funzioni matematiche (come le funzioni di attivazione) per elaborare i dati. I valori elaborati vengono passati agli strati successivi, con ogni strato che aumenta il livello di astrazione. Gli strati iniziali possono estrarre caratteristiche più semplici, mentre quelli più profondi si occupano di pattern complessi.

3. **Strato di Output**: L'ultimo strato genera il risultato finale, ad esempio la classificazione di un'immagine o la previsione di un valore numerico.

L'addestramento delle reti neurali profonde avviene tramite un processo iterativo chiamato **backpropagation** (retropropagazione dell'errore), in cui il modello viene ottimizzato minimizzando l'errore tra le previsioni e i risultati reali. Durante questo processo, il modello corregge le proprie previsioni, migliorando progressivamente.

Vantaggi del Deep Learning

Uno dei maggiori vantaggi del deep learning è la sua capacità di gestire **dati non strutturati** e di **estrarre automaticamente pattern e caratteristiche rilevanti**, senza bisogno di una pre-elaborazione intensiva. In molti casi, il deep learning riesce a **raggiungere livelli di accuratezza molto superiori** rispetto ai metodi di machine learning tradizionali, specialmente quando sono disponibili grandi quantità di dati.

Alcuni vantaggi specifici includono:

- **Accuratezza**: Le reti neurali profonde riescono a ottenere risultati molto precisi, grazie alla loro capacità di modellare relazioni complesse tra i dati. Per esempio, nella visione artificiale, il deep learning ha portato alla realizzazione di modelli che riconoscono oggetti e volti con precisione superiore rispetto ai metodi tradizionali.

- **Apprendimento Gerarchico**: Gli strati nascosti delle reti neurali profonde permettono di costruire rappresentazioni sempre più astratte e sofisticate, consentendo al modello di apprendere caratteristiche di alto livello senza una programmazione esplicita.

- **Capacità di Generalizzazione**: Con il deep learning, i modelli sono in grado di generalizzare meglio anche in presenza di variazioni nei dati, come rumore o distorsioni. Questa capacità è cruciale in ambiti come la traduzione automatica o il riconoscimento vocale, dove le variazioni naturali del linguaggio e della pronuncia devono essere gestite correttamente.

Applicazioni del Deep Learning

Il deep learning è utilizzato in molte applicazioni quotidiane. Ecco alcuni esempi chiave:

- **Riconoscimento delle Immagini**: Applicazioni come il riconoscimento dei volti, la diagnostica medica e la guida autonoma utilizzano reti neurali profonde per analizzare le immagini e riconoscere oggetti, persone e segnali stradali.

- **Riconoscimento Vocale**: Assistenti virtuali come Siri, Alexa e Google Assistant sfruttano il deep learning per convertire la voce in testo e interpretare comandi vocali.

- **Elaborazione del Linguaggio Naturale**: Le reti neurali profonde sono alla base dei sistemi di traduzione automatica, come Google Translate, e dei chatbot avanzati, come quelli utilizzati nel servizio clienti.

- **Diagnosi Medica e Ricerca Scientifica**: Il deep learning è usato per analizzare immagini mediche, rilevare anomalie e assistere i medici nelle diagnosi.

Capitolo 2: L'Intelligenza Artificiale nel Business

Panoramica sull'uso dell'IA nelle Aziende: Settori di Applicazione

L'intelligenza artificiale (IA) sta trasformando diversi settori, consentendo alle aziende di automatizzare operazioni, personalizzare le esperienze dei clienti e prendere decisioni basate sui dati. L'IA si adatta a una vasta gamma di applicazioni grazie alla sua flessibilità e alla capacità di analizzare grandi quantità di dati per identificare pattern complessi. Di seguito sono presentati alcuni settori chiave in cui l'IA sta facendo la differenza:

1. Finanza

Nel settore finanziario, l'IA svolge un ruolo fondamentale, migliorando l'efficienza e l'accuratezza delle operazioni. Tra le applicazioni principali troviamo:

- **Trading Algoritmico**: Le banche d'investimento e le società di trading utilizzano l'IA per implementare strategie di trading automatico basate sull'analisi di grandi volumi di dati in tempo reale. Gli algoritmi di IA possono reagire rapidamente ai cambiamenti del mercato, identificando opportunità e minimizzando i rischi. Questo consente di ottimizzare i portafogli, riducendo l'esposizione a eventuali perdite e aumentando la profittabilità.

- **Analisi del Rischio e Credit Scoring**: L'IA viene utilizzata per analizzare il rischio di credito di un individuo o di un'azienda, esaminando non solo i dati finanziari tradizionali, ma anche altre fonti di dati, come il comportamento sui social media e i pattern di spesa.

Questi modelli avanzati aiutano le banche a prendere decisioni più informate sui prestiti, migliorando la gestione del rischio e riducendo le perdite.

- **Rilevamento delle Frodi**: L'intelligenza artificiale è fondamentale nel rilevare transazioni sospette e schemi di frode. Gli algoritmi di IA possono monitorare milioni di transazioni e identificare rapidamente attività anomale. Questo non solo protegge i clienti, ma aiuta anche le istituzioni finanziarie a mantenere la loro reputazione e a ridurre i costi associati alle frodi.

2. Sanità

Nel settore sanitario, l'IA sta cambiando il modo in cui vengono diagnosticati e trattati i pazienti, con significativi vantaggi in termini di accuratezza, efficienza e qualità delle cure. Le principali applicazioni includono:

- **Diagnosi Automatizzata**: Algoritmi di deep learning sono in grado di analizzare immagini mediche (come radiografie e risonanze magnetiche) e rilevare malattie con una precisione simile a quella di un medico specialista. Questo consente diagnosi più rapide e accurate, specialmente in aree con carenza di personale qualificato. Ad esempio, l'IA può essere usata per rilevare tumori, malattie cardiovascolari e malattie oftalmiche.

- **Gestione delle Risorse Ospedaliere**: L'IA aiuta gli ospedali a gestire le risorse in modo più efficiente, prevedendo la domanda di letti, materiali sanitari e personale. Utilizzando dati storici e analisi predittiva, gli ospedali possono ottimizzare i tempi di attesa e migliorare la qualità del servizio per i pazienti.

- **Sviluppo di Farmaci**: L'IA accelera il processo di scoperta di nuovi farmaci, analizzando strutture molecolari e simulando esperimenti virtuali per individuare potenziali candidati terapeutici. Questo riduce i tempi e i costi di sviluppo, facilitando l'accesso a nuove cure.

3. Marketing

Il marketing è uno dei settori che beneficia maggiormente dell'IA, poiché la personalizzazione e l'analisi dei dati sono cruciali per raggiungere i clienti in modo efficace. Le applicazioni principali includono:

- **Personalizzazione delle Offerte**: Utilizzando l'IA, le aziende possono offrire esperienze personalizzate ai clienti, analizzando il loro comportamento, le preferenze e la cronologia degli acquisti. Questo consente di inviare offerte e raccomandazioni specifiche a ciascun cliente, migliorando la customer experience e aumentando la probabilità di conversione. Ad esempio, Amazon utilizza l'IA per suggerire prodotti in base alla cronologia d'acquisto e ai comportamenti di navigazione.

- **Analisi dei Dati dei Clienti**: Le aziende raccolgono enormi quantità di dati dai clienti, incluse informazioni demografiche, interazioni sui social media e feedback. Gli algoritmi di IA possono elaborare questi dati e fornire insight preziosi sui desideri e sulle esigenze dei clienti. Questo consente alle aziende di segmentare i clienti in modo più efficace e di creare campagne di marketing mirate.

- **Chatbot e Assistenza Virtuale**: I chatbot basati su IA migliorano il servizio clienti rispondendo a domande frequenti e guidando i clienti attraverso il processo di acquisto. Questo riduce il carico sul personale umano e migliora l'esperienza dell'utente, offrendo risposte rapide e disponibili 24 ore su 24.

4. Produzione

Il settore della produzione ha tratto enormi vantaggi dall'automazione e dall'IA, che hanno aumentato l'efficienza e la qualità dei prodotti. Alcune delle principali applicazioni sono:

- **Ottimizzazione della Catena di Montaggio**: L'IA viene utilizzata per monitorare e ottimizzare i processi di produzione, riducendo gli sprechi e migliorando la qualità dei prodotti. Gli algoritmi di machine learning possono analizzare i dati delle linee di produzione per identificare colli di bottiglia e suggerire miglioramenti, aumentando l'efficienza complessiva.

- **Manutenzione Predittiva**: Gli algoritmi di IA analizzano i dati dei macchinari per prevedere quando è necessario eseguire la manutenzione. In questo modo, le aziende possono ridurre i tempi di fermo macchina non pianificati e i costi di riparazione, estendendo la durata dei loro macchinari. Ad esempio, nelle fabbriche automobilistiche, la manutenzione predittiva consente di evitare ritardi di produzione e migliorare la qualità del prodotto finale.

- **Controllo Qualità Automatizzato**: Grazie all'IA, i sistemi di controllo qualità possono eseguire ispezioni dettagliate dei prodotti, rilevando difetti con una precisione molto superiore a quella umana. Questo è particolarmente utile in settori come l'elettronica e l'automotive, dove la qualità del prodotto è essenziale.

L'IA sta quindi ridefinendo le operazioni aziendali, con un impatto concreto in settori chiave dell'economia globale. La capacità dell'IA di elaborare dati complessi, personalizzare le esperienze dei clienti e ottimizzare le operazioni rappresenta un vantaggio competitivo per le aziende in questi ambiti, promuovendo una trasformazione che, in molti casi, è ormai indispensabile per restare competitivi.

Studi di Caso: Implementazione di Successo dell'IA nelle Aziende

Gli esempi concreti di implementazione dell'intelligenza artificiale da parte di aziende leader nel settore dimostrano come l'IA possa rivoluzionare i modelli di business e migliorare sia l'efficienza operativa che l'esperienza del cliente. Di seguito alcuni studi di caso rappresentativi.

1. Amazon: Sistema di Raccomandazioni

Amazon ha trasformato il suo sito di e-commerce in una piattaforma altamente personalizzata grazie all'IA. Il sistema di raccomandazioni di Amazon utilizza algoritmi avanzati di machine learning per analizzare il comportamento di acquisto e le preferenze degli utenti, come i prodotti visualizzati e acquistati, e persino le recensioni lasciate.

- **Come Funziona**: Amazon raccoglie e analizza enormi quantità di dati sui clienti, utilizzando algoritmi di raccomandazione basati sul collaborative filtering e sull'analisi dei dati comportamentali. Grazie a questo approccio, è in grado di suggerire prodotti che altri utenti con interessi simili hanno acquistato.

- **Risultati**: Il sistema di raccomandazioni di Amazon è responsabile di una percentuale significativa delle sue vendite, migliorando non solo i profitti ma anche la soddisfazione e la fidelizzazione dei clienti. Questa personalizzazione crea un'esperienza d'acquisto unica, dove ogni cliente riceve suggerimenti mirati.

2. Netflix: Ottimizzazione delle Offerte di Contenuti

Netflix è un esempio di successo nell'uso dell'IA per migliorare la customer experience attraverso la personalizzazione dei contenuti. La piattaforma sfrutta il machine learning per suggerire film e serie TV in base alle preferenze e al comportamento di visione dei singoli utenti.

- **Come Funziona**: Netflix raccoglie dati dettagliati sugli utenti, come i contenuti guardati, la durata di visione, i momenti di pausa e ripresa, e i dispositivi utilizzati. Utilizza questi dati per alimentare algoritmi di machine learning che creano profili personalizzati e suggeriscono contenuti in base a preferenze e tendenze osservate.

- **Risultati**: Questo approccio ha permesso a Netflix di migliorare la fidelizzazione e ridurre i tassi di abbandono. Circa l'80% dei contenuti guardati su Netflix proviene dalle raccomandazioni del sistema, a dimostrazione dell'efficacia dell'IA nel tenere gli utenti coinvolti sulla piattaforma. Inoltre, Netflix utilizza l'IA per pianificare nuovi contenuti, analizzando i dati di consumo per identificare i generi più popolari.

3. Tesla: Auto a Guida Autonoma

Tesla è all'avanguardia nello sviluppo di veicoli autonomi, utilizzando l'IA per creare sistemi di guida autonoma che consentono ai veicoli di percepire e rispondere all'ambiente circostante in modo sicuro.

- **Come Funziona**: Tesla utilizza una combinazione di algoritmi di visione artificiale, machine learning e deep learning per analizzare le immagini e i dati provenienti da sensori e telecamere integrate nei veicoli. Il sistema "Autopilot" è in grado di rilevare e interpretare segnali stradali, pedoni e ostacoli, consentendo ai veicoli di muoversi in modo autonomo. Tesla utilizza un approccio basato sul deep learning, dove i dati raccolti dai veicoli su strada vengono costantemente analizzati e utilizzati per migliorare il sistema di guida autonoma.

- **Risultati**: Tesla ha dimostrato come i veicoli autonomi possano migliorare la sicurezza stradale e ridurre il rischio di incidenti. L'approccio di Tesla alla guida autonoma sta ridefinendo il settore automobilistico, e i suoi modelli di auto a guida assistita sono diventati pionieri del cambiamento verso un futuro di mobilità intelligente e sostenibile.

4. Google: Pubblicità Programmatica e Ricerca

Google utilizza l'IA per ottimizzare la pubblicità programmatica e i risultati delle ricerche, offrendo una personalizzazione precisa e una gestione efficace delle campagne pubblicitarie.

- **Come Funziona**: Google sfrutta il machine learning per selezionare e visualizzare annunci pubblicitari personalizzati per ciascun utente in base alla sua cronologia di ricerche, interessi e interazioni con la piattaforma. Inoltre, utilizza algoritmi di IA per migliorare i risultati di ricerca, anticipando le intenzioni dell'utente e suggerendo contenuti rilevanti.

- **Risultati**: L'IA consente a Google di offrire agli utenti una migliore esperienza di navigazione e agli inserzionisti una strategia pubblicitaria efficace, ottimizzando le conversioni. Il modello pubblicitario di Google è uno dei più redditizi al mondo, grazie alla capacità dell'IA di indirizzare gli annunci alle giuste audience in modo preciso e tempestivo.

5. Zara: Ottimizzazione della Catena di Fornitura

Zara, il gigante della moda, utilizza l'IA per ottimizzare la propria catena di fornitura, garantendo efficienza e reattività nei cambiamenti delle tendenze del mercato.

- **Come Funziona**: Zara impiega algoritmi di IA per analizzare i dati sulle preferenze dei clienti e sulle tendenze di mercato. Questi algoritmi prevedono la domanda dei diversi capi d'abbigliamento, ottimizzando la produzione e la distribuzione per evitare eccedenze o carenze. Inoltre, i dati raccolti nelle migliaia di punti vendita vengono utilizzati per pianificare la progettazione di nuovi articoli.

- **Risultati**: Grazie a questo approccio basato sull'IA, Zara riesce a lanciare nuove collezioni in tempi record e a rispondere rapidamente ai cambiamenti della domanda. L'efficienza della catena di fornitura ha consentito a Zara di ridurre i costi e migliorare l'offerta, rafforzando la sua posizione competitiva nel mercato della moda.

Questi esempi dimostrano come l'intelligenza artificiale possa essere un potente motore di crescita, miglioramento dei processi e innovazione in vari settori. L'implementazione efficace dell'IA permette alle aziende di comprendere meglio i propri clienti, migliorare la qualità dei prodotti e servizi e rispondere rapidamente ai cambiamenti del mercato.

Evoluzione dell'IA nel Business

L'intelligenza artificiale ha compiuto un lungo percorso, passando da una tecnologia sperimentale con applicazioni limitate a un elemento essenziale per il successo di molte aziende. Questa evoluzione è stata guidata dai rapidi progressi nella potenza di calcolo, nella disponibilità di dati e nello sviluppo di algoritmi sempre più sofisticati. Oggi, l'IA è al centro della trasformazione digitale delle imprese e sta plasmando il futuro del business in combinazione con altre tecnologie emergenti come la blockchain e l'Internet of Things (IoT).

Da Applicazione Limitata a Tecnologia Fondamentale

Fino agli anni 2000, l'uso dell'IA nel business era limitato a settori specifici, come la finanza e la produzione, e focalizzato su compiti ristretti come la previsione del rischio o l'automazione della catena di montaggio. Tuttavia, con l'aumento della potenza di calcolo e l'abbassamento dei costi di archiviazione dei dati, l'IA ha ampliato le sue applicazioni. La disponibilità di big data ha alimentato l'adozione di algoritmi più potenti, come il deep learning, rendendo l'IA in grado di analizzare enormi volumi di dati e di trarre intuizioni dettagliate.

Oggi, l'IA è considerata un asset strategico. Le aziende la impiegano in vari ambiti, dalla personalizzazione dei servizi al miglioramento dell'efficienza operativa. Il passaggio a una visione dell'IA come tecnologia fondamentale è stato facilitato dalla sua capacità di apprendere e adattarsi: i modelli di machine learning, ad esempio, possono migliorare continuamente analizzando nuovi dati, portando a un'evoluzione costante e incrementale dei sistemi aziendali.

Tendenze Attuali: L'IA e le Tecnologie Emergenti

Uno degli sviluppi più significativi è l'integrazione dell'IA con altre tecnologie emergenti, come la blockchain e l'Internet of Things (IoT). Questa sinergia sta aprendo nuovi orizzonti per il business, rendendo le operazioni più sicure, trasparenti e automatizzate.

1. **Integrazione dell'IA con la Blockchain**:

   o **Trasparenza e Tracciabilità**: L'IA può analizzare enormi quantità di dati su reti blockchain per rilevare anomalie e garantire la tracciabilità delle transazioni. Questo è particolarmente utile nel settore della logistica e della supply chain, dove la trasparenza è essenziale per evitare frodi e garantire l'origine dei prodotti.

   o **Automazione degli Smart Contract**: La blockchain consente l'esecuzione di smart contract, contratti auto-eseguibili che si attivano al verificarsi di condizioni predefinite. Integrando l'IA, questi contratti diventano più "intelligenti", in grado di valutare variabili complesse e prendere decisioni automatizzate in base ad analisi avanzate.

2. **Integrazione dell'IA con l'Internet of Things (IoT)**:

   o **Analisi Predittiva e Manutenzione**: L'IoT genera enormi quantità di dati dai dispositivi connessi (come sensori industriali, macchinari e dispositivi domestici). Utilizzando l'IA per analizzare questi dati, le aziende possono prevedere problemi tecnici e ottimizzare la manutenzione delle attrezzature. Questo è particolarmente utile nelle fabbriche e nelle reti di distribuzione dell'energia, dove i tempi di inattività possono essere estremamente costosi.

- o **Automazione Intelligente**: Nei contesti di smart home e smart cities, l'IA può analizzare i dati raccolti dai sensori IoT per regolare automaticamente l'illuminazione, la temperatura o la sicurezza degli edifici. Nelle città intelligenti, l'IA utilizza i dati IoT per ottimizzare il traffico, monitorare l'inquinamento e migliorare la qualità della vita dei residenti.

3. **Robotica e IA**:

- o La combinazione di IA e robotica sta trasformando settori come la produzione, la logistica e l'assistenza sanitaria. I robot dotati di IA possono apprendere dalle loro interazioni con l'ambiente, migliorando costantemente la propria efficienza. Ad esempio, i magazzini automatizzati con robot intelligenti possono gestire in modo autonomo l'inventario e le spedizioni, riducendo il tempo e i costi operativi.

Tendenze Future: L'IA e il Futuro del Business

- **IA Generativa**: Una delle tendenze future più interessanti è l'uso dell'IA generativa, in cui gli algoritmi sono in grado di creare nuovi contenuti come testi, immagini, musica e persino progetti ingegneristici. Questo apre la strada a nuove forme di creatività automatizzata e personalizzazione di massa nei settori dell'intrattenimento, del design e del marketing.

- **Decision-Making Automatizzato**: Con l'avanzamento delle capacità di analisi dei dati, molte decisioni aziendali saranno prese in modo automatizzato, affidando all'IA la valutazione di situazioni complesse e la selezione della soluzione ottimale. Questo sarà particolarmente utile in scenari in cui è necessario reagire rapidamente, come nel trading finanziario o nella gestione della catena di fornitura.

- **Personalizzazione Iper-Avanzata**: L'IA continuerà a migliorare la personalizzazione, portandola a un livello superiore. Gli algoritmi futuri saranno in grado di analizzare in modo dettagliato i comportamenti individuali e di adattare i prodotti e i servizi per soddisfare le preferenze specifiche di ciascun cliente. Questo concetto di "iper-personalizzazione" renderà l'esperienza del cliente sempre più unica e coinvolgente.

- **Etica e Regolamentazione**: Con l'aumento dell'adozione dell'IA, diventerà fondamentale affrontare le questioni etiche e regolamentari. Si prevede una maggiore attenzione a garantire che i modelli di IA siano equi, trasparenti e privi di bias. A livello aziendale, le organizzazioni dovranno integrare principi etici nei loro modelli di IA e creare strutture di governance per monitorare e gestire i rischi.

In sintesi, l'IA ha cambiato profondamente il panorama del business, trasformando il modo in cui le aziende operano e interagiscono con i clienti. Integrata con altre tecnologie emergenti, l'IA è destinata a diventare ancora più centrale nelle strategie aziendali, promuovendo l'automazione, la personalizzazione e la sostenibilità. Le aziende che sapranno adottare un approccio etico e responsabile all'IA avranno un vantaggio competitivo, posizionandosi all'avanguardia dell'innovazione nel mercato globale.

Integrazione con Sistemi Esistenti

L'integrazione dell'intelligenza artificiale (IA) nei sistemi IT esistenti è un processo cruciale e complesso per molte aziende, poiché richiede l'adattamento di nuove tecnologie all'interno di strutture già consolidate. Il successo di questa integrazione può determinare l'efficacia dell'IA nel portare valore reale al business, ma comporta anche sfide tecniche e organizzative significative.

Sfide Tecniche dell'Integrazione

1. **Compatibilità dei Sistemi Legacy**:

   o Molte aziende, specialmente quelle di grandi dimensioni, fanno ancora affidamento su sistemi legacy (piattaforme, database e infrastrutture sviluppati decenni fa) che non sono stati progettati per supportare tecnologie avanzate come l'IA. Integrare l'IA con questi sistemi è complesso perché le tecnologie moderne si basano spesso su linguaggi, protocolli e architetture diverse.

   o La compatibilità può essere raggiunta utilizzando middleware o API per collegare l'IA ai sistemi esistenti, ma spesso richiede una ristrutturazione significativa o persino la sostituzione di alcune componenti legacy per ottenere una piena integrazione.

2. **Gestione dei Dati**:

   o Le soluzioni di IA richiedono grandi quantità di dati di alta qualità. Tuttavia, i dati aziendali spesso risiedono in silos e possono essere frammentati, incompleti o non standardizzati, ostacolando l'accesso e la coerenza necessaria per l'addestramento degli algoritmi.

- o Le aziende stanno rispondendo a questa sfida adottando sistemi di data warehouse o data lake, che consentono di centralizzare e standardizzare i dati provenienti da diverse fonti aziendali. Tuttavia, la creazione di un'infrastruttura dati che supporti l'IA può essere costosa e richiedere competenze specializzate.

3. **Scalabilità**:

- o L'IA richiede una capacità di calcolo significativa, soprattutto quando si utilizzano algoritmi di deep learning e analisi di big data. Integrare l'IA in un'azienda richiede quindi server e cloud computing potenti e scalabili per supportare un'elaborazione rapida e su larga scala.

- o Le aziende devono valutare se mantenere l'infrastruttura di calcolo internamente o se affidarsi a soluzioni di cloud computing. Optare per il cloud può accelerare l'implementazione e ridurre i costi iniziali, ma pone anche questioni relative alla sicurezza e alla gestione dei dati.

4. **Sicurezza e Privacy**:

- o La sicurezza dei dati e la protezione della privacy sono preoccupazioni centrali nell'integrazione dell'IA, specialmente quando si tratta di informazioni sensibili o regolamentate. L'IA, che si basa sull'analisi dei dati, può amplificare i rischi di esposizione non autorizzata.

- o Le aziende devono adottare misure come la crittografia, la gestione delle identità e il controllo degli accessi per proteggere i dati. Devono inoltre garantire che le soluzioni di IA rispettino le normative vigenti, come il GDPR in Europa, e che siano progettate per la privacy by design.

Sfide Organizzative dell'Integrazione

1. **Resistenza al Cambiamento**:
   - ◦ L'implementazione di soluzioni di IA richiede un cambiamento culturale e organizzativo. I dipendenti possono essere riluttanti ad adattarsi a nuove tecnologie, temendo che l'automazione porti a una riduzione dei posti di lavoro o richieda nuove competenze.
   - ◦ Le aziende possono gestire questa resistenza coinvolgendo attivamente i team fin dalle fasi iniziali dell'implementazione dell'IA, spiegando come la tecnologia può migliorare il lavoro e fornendo una formazione adeguata. Creare una cultura di collaborazione tra l'IA e i lavoratori può aiutare a ridurre le ansie e favorire l'adozione.

2. **Allineamento con le Strategie di Business**:
   - ◦ Perché l'IA porti benefici concreti, deve essere allineata con gli obiettivi aziendali e integrata nei processi strategici. Molte aziende affrontano la sfida di armonizzare le soluzioni di IA con le proprie priorità, evitando di adottare tecnologie per mera moda.
   - ◦ Una roadmap chiara, sviluppata in collaborazione tra i team IT e i responsabili aziendali, è essenziale per allineare l'IA agli obiettivi aziendali. Definire obiettivi e metriche di successo può garantire che l'IA venga utilizzata in modo efficace.

3. **Formazione e Skill Gap**:

o L'implementazione dell'IA richiede competenze tecniche specifiche, come la conoscenza del machine learning, della gestione dei dati e della sicurezza informatica. Tuttavia, molte aziende non dispongono di personale qualificato per gestire questi nuovi strumenti.

o Le aziende possono colmare il divario di competenze attraverso la formazione continua, oppure assumendo talenti specializzati e collaborando con partner esterni. Un programma di formazione efficace e mirato può non solo migliorare le competenze tecniche, ma anche stimolare una maggiore accettazione dell'IA all'interno dell'organizzazione.

4. **Monitoraggio e Manutenzione**:

o Dopo l'integrazione dell'IA, le soluzioni devono essere monitorate e aggiornate regolarmente per assicurare la loro efficacia e adattabilità alle nuove sfide. Questo richiede un impegno continuo da parte dei team IT e una gestione proattiva.

o Le aziende stanno adottando sistemi di monitoraggio e gestione del ciclo di vita dei modelli di IA, assicurando che gli algoritmi rimangano affidabili e che le prestazioni siano allineate alle esigenze aziendali.

Best Practice per un'Integrazione di Successo

Per facilitare l'integrazione dell'IA con i sistemi IT esistenti e superare queste sfide, le aziende possono adottare le seguenti strategie:

- **Architettura a Microservizi**: Questa architettura consente di costruire e distribuire applicazioni sotto forma di moduli indipendenti, agevolando l'integrazione di nuove soluzioni IA senza dover stravolgere l'intero sistema IT.

- **Collaborazione tra i Team**: Stabilire una collaborazione stretta tra i team IT e gli altri reparti, come il marketing o la finanza, può aiutare a definire chiaramente i requisiti e le aspettative dell'integrazione. Questa collaborazione permette di sviluppare una visione più chiara delle priorità e delle sfide specifiche che l'IA deve affrontare per portare valore concreto.

- **Prototipazione e Test Continuo**: Implementare inizialmente l'IA su scala ridotta in progetti pilota consente alle aziende di identificare eventuali problemi e adattare i modelli prima di procedere a un'integrazione su larga scala. I test continui permettono di monitorare le prestazioni e garantire che l'IA operi in modo efficace.

- **Creare una Strategia di Governance dell'IA**: Definire regole e linee guida chiare per l'utilizzo e la gestione dell'IA all'interno dell'azienda è essenziale. Una strategia di governance aiuta a garantire che i modelli di IA siano etici, sicuri e allineati agli obiettivi aziendali.

Vantaggi dell'IA per il Business

L'adozione dell'intelligenza artificiale (IA) nel business ha introdotto significativi vantaggi in termini di efficienza, velocità decisionale e capacità di adattamento. Automatizzando i processi ripetitivi, rendendo più rapide le decisioni basate sui dati e migliorando la produttività, l'IA sta aiutando le aziende a diventare più competitive e reattive in un mercato in continua evoluzione.

Efficienza Operativa

Uno dei principali benefici dell'IA per il business è l'ottimizzazione dell'efficienza operativa. L'IA permette alle aziende di automatizzare processi ripetitivi e dispendiosi, riducendo i costi e liberando risorse per compiti più strategici.

1. **Automazione dei Processi**:

     o I sistemi di intelligenza artificiale possono automatizzare attività ripetitive e dispendiose, come l'inserimento di dati, la gestione delle scorte o l'elaborazione di ordini. Questo non solo riduce l'errore umano, ma migliora anche la velocità e l'accuratezza dei processi aziendali.

     o L'automazione tramite IA può essere applicata a molte aree, dalla produzione (dove i robot industriali dotati di IA ottimizzano le operazioni in catena di montaggio) al settore bancario (con l'elaborazione automatizzata di transazioni finanziarie e reportistica).

2. **Chatbot e Assistenti Virtuali**:

     o Uno degli esempi più visibili dell'IA nel migliorare l'efficienza operativa è l'uso di chatbot e assistenti virtuali nei servizi di vendita e assistenza clienti. Grazie all'elaborazione del linguaggio naturale

(NLP), i chatbot possono gestire in autonomia una varietà di richieste da parte dei clienti, offrendo risposte istantanee e disponibili 24/7.

o Ad esempio, i chatbot possono rispondere a domande frequenti, tracciare ordini, gestire resi o assistere i clienti in tempo reale durante il processo di acquisto, riducendo la necessità di un intervento umano. Ciò consente alle aziende di risparmiare sui costi del servizio clienti e migliorare l'esperienza dei consumatori.

o Negli ultimi anni, gli assistenti virtuali stanno diventando sempre più avanzati e personalizzati, adattandosi alle preferenze del cliente e prevedendo le sue esigenze. Amazon, ad esempio, utilizza un assistente vocale che aiuta i clienti a trovare informazioni sui prodotti, supportando sia il processo di vendita che l'assistenza post-vendita.

3. **Manutenzione Predittiva**:

o Nell'ambito della produzione e della logistica, l'IA consente alle aziende di implementare la manutenzione predittiva, che monitora in tempo reale le condizioni delle apparecchiature e dei macchinari. I modelli di IA analizzano i dati provenienti dai sensori IoT per prevedere i guasti e pianificare la manutenzione solo quando necessario, evitando tempi di inattività imprevisti e costi aggiuntivi.

o La manutenzione predittiva è particolarmente utile per settori come la manifattura, l'energia e i trasporti, dove un guasto tecnico può avere costi elevati. Aziende come General Electric utilizzano l'IA per monitorare macchinari industriali e ottimizzare la manutenzione, migliorando così l'efficienza operativa e riducendo i costi.

Decisioni Basate sui Dati

L'IA potenzia la capacità delle aziende di prendere decisioni rapide e ben informate grazie alla possibilità di analizzare in tempo reale enormi quantità di dati. Questo vantaggio è essenziale in settori altamente dinamici e competitivi, in cui le decisioni tempestive possono fare la differenza tra il successo e il fallimento.

1. **Analisi dei Dati in Tempo Reale**:

    o L'IA permette di elaborare e analizzare dati in tempo reale, consentendo alle aziende di avere un quadro chiaro e aggiornato del loro business. Questa capacità è cruciale per prendere decisioni informate rapidamente, reagendo a cambiamenti di mercato o a nuove opportunità.

    o Ad esempio, nel settore retail, i sistemi di IA monitorano continuamente l'inventario e le vendite, suggerendo aggiustamenti nella fornitura o promozioni mirate in base ai modelli di acquisto. Nel settore finanziario, invece, l'analisi in tempo reale è utilizzata per monitorare le fluttuazioni del mercato e generare strategie di investimento algoritmico.

2. **Sistemi di Business Intelligence potenziati dall'IA**:

    o La business intelligence (BI) è diventata ancora più potente grazie all'IA, che consente di analizzare enormi volumi di dati non strutturati provenienti da diverse fonti, come social media, feedback dei clienti, vendite e trend di mercato.

o L'IA può estrarre informazioni rilevanti e fornire previsioni accurate, aiutando i leader aziendali a identificare tendenze emergenti, a valutare il comportamento dei consumatori e a individuare i punti di debolezza nei processi aziendali. Con questi strumenti, i manager possono prendere decisioni strategiche più consapevoli e mirate.

o Un esempio concreto è l'uso dell'IA nei sistemi CRM (Customer Relationship Management), che analizzano il comportamento dei clienti per suggerire azioni di marketing personalizzate. Salesforce, ad esempio, ha integrato l'IA per analizzare le interazioni dei clienti e generare raccomandazioni, aiutando le aziende a migliorare l'esperienza cliente e aumentare le vendite.

3. **Previsioni e Pianificazione Strategica**:

o I modelli di IA avanzati, come quelli di machine learning e deep learning, consentono alle aziende di prevedere con precisione la domanda, l'andamento dei mercati e i cambiamenti nelle preferenze dei consumatori. Queste previsioni permettono una pianificazione strategica più accurata, riducendo l'incertezza e migliorando la reattività del business.

o Nel settore della supply chain, ad esempio, l'IA può prevedere le esigenze di inventario e ottimizzare la logistica, mentre nel marketing può anticipare i trend stagionali e pianificare campagne promozionali mirate. Aziende come Walmart utilizzano l'IA per migliorare la previsione della domanda, garantendo che i prodotti siano sempre disponibili quando richiesti dai consumatori.

Innovazione di Prodotto

L'intelligenza artificiale (IA) sta rivoluzionando il modo in cui le aziende conducono la ricerca e sviluppo (R&D) e innovano i loro prodotti e servizi. Grazie all'IA, le aziende possono sperimentare e testare nuovi concetti più velocemente e con costi ridotti, accelerando il processo di sviluppo e aumentando le probabilità di successo.

1. **Accelerazione della Ricerca e Sviluppo (R&D):**

   o L'IA consente di analizzare rapidamente grandi quantità di dati e scoprire modelli che potrebbero passare inosservati con metodi tradizionali. Questo permette ai team di R&D di individuare nuove opportunità e testare idee in modo più rapido ed efficiente.

   o Ad esempio, nel settore farmaceutico, l'IA è utilizzata per analizzare combinazioni di molecole e sviluppare nuovi farmaci, riducendo il tempo e i costi associati alla ricerca di nuove cure. Il machine learning, in particolare, può prevedere le reazioni chimiche e suggerire possibili formulazioni, consentendo ai ricercatori di concentrarsi sulle alternative più promettenti.

2. **Simulazioni e Test Virtuali:**

   o Gli esperimenti virtuali, realizzati tramite simulazioni digitali e digital twins (gemelli digitali), permettono alle aziende di testare nuovi prodotti o miglioramenti senza dover costruire prototipi fisici, risparmiando tempo e risorse.

   o I gemelli digitali, modelli virtuali di un prodotto o processo fisico, consentono di simulare condizioni reali, raccogliendo dati sul funzionamento e individuando eventuali problemi prima della produzione. Tesla, ad esempio, utilizza simulazioni per testare miglioramenti nei software di guida autonoma, analizzando il comportamento in migliaia di situazioni diverse prima di implementarle sui veicoli.

3. **Progettazione Basata sui Dati:**

   o L'IA può analizzare i dati sui consumatori per aiutare le aziende a sviluppare prodotti che rispondano meglio alle esigenze del mercato. Questo approccio data-driven consente di anticipare le preferenze dei clienti e di ridurre il rischio di fallimento.

   o Un esempio pratico è quello di Nike, che ha utilizzato l'analisi dei dati per sviluppare scarpe personalizzate, tenendo conto delle preferenze e delle esigenze specifiche degli atleti. L'IA permette di raccogliere feedback continui dai clienti, migliorando il design e le funzionalità dei prodotti in base alle loro reali aspettative.

Personalizzazione dell'Esperienza Cliente

L'IA gioca un ruolo fondamentale nel migliorare l'esperienza del cliente, offrendo interazioni personalizzate e coinvolgenti che aumentano la soddisfazione e la fidelizzazione. Utilizzando algoritmi avanzati e modelli di machine learning, le aziende possono anticipare i bisogni dei clienti e offrire loro offerte e contenuti su misura.

1. **Marketing Predittivo:**

   o Grazie al machine learning, le aziende possono analizzare i dati storici sui comportamenti dei clienti per prevedere le loro preferenze e necessità future. Questo consente di pianificare campagne di marketing mirate, che massimizzano la probabilità di conversione e migliorano l'efficacia delle promozioni.

- ○ Netflix utilizza il marketing predittivo per suggerire contenuti basati sui gusti individuali dei clienti, analizzando i film e le serie guardate in passato per proporre titoli simili o correlati. In questo modo, Netflix aumenta l'engagement e la soddisfazione del cliente, spingendo gli utenti a tornare più frequentemente sulla piattaforma.

2. **Analisi Comportamentale e Customer Journey Personalizzato**:

- ○ L'IA consente di tracciare e analizzare il customer journey, individuando i punti di contatto critici e migliorando l'esperienza in ciascuna fase. L'analisi comportamentale permette di prevedere le azioni dei clienti e fornire assistenza o suggerimenti personalizzati in tempo reale.

- ○ Nel settore e-commerce, per esempio, Amazon utilizza algoritmi di IA per analizzare il comportamento degli utenti, come i prodotti visualizzati e aggiunti al carrello, per offrire suggerimenti personalizzati e reminder mirati. Questa strategia ha dimostrato di aumentare le vendite e di migliorare l'esperienza del cliente, che trova facilmente ciò che desidera.

3. **Assistenti Virtuali e Chatbot Personalizzati**:

- ○ Molte aziende implementano chatbot dotati di IA che rispondono alle richieste dei clienti in modo personalizzato e contestuale. Gli assistenti virtuali imparano dai dati sui clienti, migliorando progressivamente la qualità del servizio e dell'assistenza.

- o Ad esempio, Sephora ha implementato un chatbot per aiutare i clienti a trovare prodotti di bellezza basati sulle loro preferenze e caratteristiche. Il bot offre suggerimenti personalizzati, migliorando l'esperienza d'acquisto e fornendo assistenza immediata.

Scalabilità

L'IA permette alle aziende di scalare rapidamente le loro operazioni, adattandosi agilmente a variazioni nella domanda e ottimizzando l'utilizzo delle risorse. Con l'automazione e la capacità di gestire grandi quantità di dati, l'IA consente alle aziende di espandersi in modo sostenibile e reattivo.

1. **Automazione Scalabile dei Processi**:

   - o L'automazione basata su IA consente alle aziende di gestire volumi crescenti di lavoro senza dover aumentare proporzionalmente il personale o i costi. Questo è particolarmente utile in settori ad alta domanda, come l'e-commerce, dove l'IA può gestire le vendite e l'assistenza clienti in periodi di picco.

   - o Un esempio è Alibaba, che durante il Singles' Day in Cina gestisce milioni di ordini simultanei utilizzando algoritmi di IA per la logistica, l'assistenza clienti e la gestione dell'inventario. Questo permette di mantenere un livello di servizio elevato anche durante picchi di domanda eccezionali.

2. **Ottimizzazione della Catena di Fornitura**:

- L'IA aiuta a scalare le operazioni migliorando la previsione della domanda, l'ottimizzazione dell'inventario e la logistica. Con modelli predittivi avanzati, le aziende possono anticipare le esigenze di rifornimento, minimizzando i costi di stoccaggio e garantendo disponibilità nei momenti giusti.

- Walmart utilizza l'IA per prevedere i trend di acquisto e gestire le sue scorte globali in modo dinamico. Questo sistema scalabile permette all'azienda di ottimizzare la distribuzione e ridurre le inefficienze nella supply chain, offrendo ai clienti un servizio puntuale anche a livello globale.

3. **Espansione Rapida nei Mercati Globali**:

- Le soluzioni di IA basate sul cloud consentono alle aziende di espandersi rapidamente nei mercati globali, senza necessità di costruire infrastrutture fisiche in ogni nuova area geografica. Le aziende possono distribuire i loro servizi IA in tutto il mondo, sfruttando il cloud per gestire la domanda in modo scalabile e flessibile.

- Airbnb, ad esempio, utilizza il cloud computing e l'IA per gestire e ottimizzare le prenotazioni e i servizi offerti ai clienti in tutto il mondo. Questo approccio le consente di adattarsi rapidamente ai nuovi mercati e di scalare le operazioni in risposta alla crescita della domanda globale.

Privacy e Sicurezza dei Dati

L'utilizzo dell'IA in ambito aziendale solleva questioni significative riguardo alla privacy e alla sicurezza dei dati, specialmente data la quantità crescente di informazioni personali e sensibili che queste tecnologie raccolgono, analizzano e utilizzano. Le aziende sono chiamate a garantire che i dati dei clienti siano trattati in modo sicuro e conforme alle normative vigenti, prevenendo al contempo possibili violazioni e abusi.

Normative e Compliance

Le normative sulla protezione dei dati, come il GDPR (General Data Protection Regulation) in Europa e il CCPA (California Consumer Privacy Act) negli Stati Uniti, impongono rigidi requisiti di trasparenza, sicurezza e responsabilità alle aziende che raccolgono e trattano dati personali.

1. **GDPR e CCPA**:

   o Il GDPR stabilisce norme chiare per la raccolta, l'elaborazione e la conservazione dei dati personali in tutta l'Unione Europea. Esso richiede alle aziende di ottenere il consenso esplicito degli utenti, garantire il diritto all'accesso e alla cancellazione dei dati, e implementare misure per la protezione dei dati fin dalla progettazione (privacy by design).

   o Il CCPA, sebbene meno restrittivo del GDPR, concede ai consumatori californiani il diritto di sapere quali dati personali vengono raccolti e come sono utilizzati, nonché il diritto di richiederne la cancellazione. Le aziende devono considerare questi requisiti nei loro sistemi IA, sviluppando strumenti di tracciamento e controllo che garantiscano il rispetto di queste normative.

2. **Influenza sull'implementazione dell'IA**:

   o Le normative sulla privacy influiscono significativamente sulle modalità di implementazione dell'IA, limitando l'accesso e l'uso dei dati per l'addestramento dei modelli. Le aziende devono progettare i loro sistemi IA tenendo conto di meccanismi per la raccolta dei consensi, limitare l'accesso ai dati personali e garantire che i processi decisionali automatizzati siano trasparenti e spiegabili.

   o Le normative richiedono anche la gestione sicura e anonima dei dati, aumentando la complessità delle tecniche di addestramento, come il machine learning federato, che permette di addestrare i modelli senza trasferire i dati sensibili su server centralizzati.

Rischi di Violazione dei Dati

L'incremento nell'uso dei dati sensibili nelle applicazioni IA espone le aziende a rischi significativi di violazione dei dati. Le violazioni dei dati non solo possono compromettere la fiducia dei clienti, ma anche danneggiare la reputazione dell'azienda e comportare sanzioni finanziarie elevate.

1. **Minacce alla Sicurezza dei Dati**:

   o I dati utilizzati per l'addestramento e l'operatività dei modelli di IA possono diventare un bersaglio per attacchi informatici, inclusi accessi non autorizzati, ransomware, e attacchi di data poisoning, in cui i dati di addestramento vengono alterati per manipolare il comportamento dell'IA.

o   I dati personali dei clienti, come le informazioni finanziarie e sanitarie, sono particolarmente vulnerabili. I cyberattacchi che compromettono questi dati possono esporre le aziende a cause legali e multe salate. Ad esempio, le violazioni di sicurezza che hanno coinvolto Facebook e Marriott Hotels hanno comportato sanzioni multimilionarie, nonché una perdita di fiducia da parte dei clienti.

2. **Misure di Sicurezza per Proteggere i Dati**:

   o   Le aziende devono implementare misure di sicurezza avanzate per proteggere i dati utilizzati dalle IA. Ciò include tecniche di crittografia, accesso limitato ai dati, autenticazione a più fattori, e monitoraggio continuo delle anomalie per identificare possibili minacce in tempo reale.

   o   La segmentazione dei dati, l'uso di data lakes sicuri e l'anonimizzazione dei dati sono pratiche fondamentali per minimizzare il rischio di violazioni. Inoltre, le aziende possono adottare strategie come il "data masking", che nasconde informazioni sensibili pur mantenendo l'utilità dei dati per l'analisi.

Tracciabilità dei Dati

La tracciabilità dei dati, o data lineage, è essenziale per garantire che i dati utilizzati nei modelli IA siano gestiti in modo etico e conforme alle normative. Tracciare l'origine, la destinazione e l'uso dei dati è fondamentale per assicurare che non vi siano violazioni delle normative o problemi di bias.

1. **Importanza della Tracciabilità**:

- La tracciabilità consente alle aziende di monitorare e documentare l'intero percorso dei dati, dal momento della raccolta fino all'utilizzo finale nell'IA. Questo è particolarmente importante per garantire che i dati siano stati ottenuti legalmente e che l'utente abbia dato il proprio consenso.

- Tracciare i dati permette inoltre di migliorare la trasparenza e spiegabilità degli algoritmi di IA, facilitando le revisioni e i controlli interni. Ad esempio, per modelli predittivi nel settore finanziario, la tracciabilità è fondamentale per dimostrare che le previsioni e le decisioni siano basate su dati validi e autorizzati.

2. **Strumenti e Metodologie per il Data Lineage**:

- Le aziende possono utilizzare strumenti di data lineage per monitorare il flusso dei dati e tracciare le modifiche applicate nel tempo. Ciò permette di sapere esattamente quali dati sono stati utilizzati per addestrare specifici modelli e, in caso di violazione o di richiesta da parte di un'autorità di regolamentazione, fornire la documentazione necessaria.

- Le metodologie di tracciabilità devono anche affrontare questioni etiche, come il rispetto della diversità e dell'inclusione nei dati, minimizzando i bias. Un data lineage ben gestito può prevenire l'uso di dati distorti e migliorare la fiducia nei risultati dell'IA, poiché dimostra che i dati sono stati scelti e trattati in modo equo e imparziale.

In sintesi, la gestione etica e sicura dei dati è fondamentale per l'implementazione efficace e responsabile dell'IA nel business.

Le aziende devono affrontare le sfide normative e di sicurezza, implementando misure avanzate e pratiche di data lineage per garantire che i dati siano protetti, tracciabili e utilizzati in modo conforme. Questo approccio non solo riduce il rischio di sanzioni e violazioni, ma aumenta anche la fiducia dei clienti, ponendo solide basi per un'adozione dell'IA etica e sostenibile.

Bias e Fairness

L'intelligenza artificiale, sebbene potente, non è immune ai bias che possono distorcere i risultati e influenzare negativamente le decisioni aziendali. Il bias nei modelli di IA si manifesta quando i sistemi riproducono o amplificano pregiudizi preesistenti, portando a decisioni discriminatorie e inique. Le aziende devono quindi affrontare queste problematiche per garantire che l'IA operi in modo giusto ed etico.

Origini del Bias

Il bias nei modelli di IA ha diverse origini, legate principalmente alla qualità dei dati di addestramento e alle scelte progettuali:

1. **Dati di Addestramento Non Rappresentativi**:

   o I modelli di IA sono addestrati su grandi quantità di dati storici, i quali possono riflettere pregiudizi presenti nella società. Ad esempio, un modello di assunzione basato su dati storici potrebbe mostrare bias di genere o razziale se i dati passati evidenziano discriminazioni.

   o Dati non bilanciati o raccolti da fonti limitate rischiano di non rappresentare adeguatamente l'intera popolazione, creando modelli che favoriscono o penalizzano determinati gruppi.

2. **Scelte Progettuali e Bias Impliciti**:

- Le scelte compiute dai programmatori e data scientist durante la progettazione dei modelli possono introdurre bias inconsapevolmente. Ad esempio, la selezione di specifici attributi o caratteristiche nei dati può favorire un gruppo rispetto a un altro.

- Anche le ipotesi incorporate negli algoritmi, come i pesi assegnati a determinate variabili, possono portare a distorsioni nei risultati, che si riflettono in decisioni non eque.

Impatto sul Business

Il bias nei modelli di IA può avere conseguenze serie per le aziende, sia in termini di reputazione che di performance:

1. **Reputazione Aziendale e Fiducia del Pubblico**:

   - Quando i clienti percepiscono che i sistemi di IA sono ingiusti o discriminatori, la reputazione dell'azienda può subire danni significativi. Episodi di bias nelle tecnologie di riconoscimento facciale, ad esempio, hanno sollevato preoccupazioni sulla loro imparzialità e hanno portato a proteste e richieste di rimozione di tali sistemi.

   - La percezione di equità è essenziale per la fiducia dei consumatori: un sistema di IA percepito come giusto migliora le relazioni pubbliche e rafforza la lealtà dei clienti.

2. **Effetti Negativi nelle Decisioni Aziendali**:

   - Nei processi di assunzione, un modello con bias può escludere candidati qualificati appartenenti a gruppi sottorappresentati, limitando la diversità dell'azienda e compromettendo la capacità di attrarre talenti. In settori come la concessione di prestiti, un modello distorto potrebbe negare finanziamenti a clienti meritevoli, con effetti negativi sulla soddisfazione del cliente e sull'efficacia operativa.

- o Questi bias possono ridurre l'efficacia complessiva del modello, portando a decisioni che non ottimizzano i risultati aziendali e che, nel lungo termine, compromettono la competitività dell'impresa.

Soluzioni per Mitigare il Bias

Mitigare il bias nei modelli di IA richiede un approccio multilivello che includa tecniche di analisi e auditing dei dati, l'uso di algoritmi più equi e una forte collaborazione tra i team:

1. **Audit dei Dati**:

   - o Condurre controlli regolari sui dati utilizzati per l'addestramento dei modelli è essenziale per identificare e ridurre il bias. Gli audit consentono di individuare eventuali squilibri o rappresentazioni distorte nei dati e di apportare le correzioni necessarie.

   - o Pratiche di pre-processing, come la re-sampling o la ponderazione dei dati, possono aiutare a bilanciare set di dati sbilanciati e migliorare la rappresentatività dei gruppi.

2. **Algoritmi Equi**:

   - o Esistono algoritmi progettati specificamente per minimizzare il bias, come quelli che utilizzano tecniche di debiasing per eliminare attributi sensibili o ridurre l'influenza di variabili correlate al bias.

- Alcune aziende utilizzano metriche di equità (fairness metrics) per valutare il comportamento del modello rispetto ai gruppi vulnerabili. Tali metriche possono rilevare disparità e migliorare il processo decisionale del sistema.

3. **Diversità nei Team di Sviluppo**:

- Coinvolgere team diversificati nella progettazione e nell'implementazione dei sistemi di IA aumenta la probabilità di identificare e correggere eventuali bias. Persone provenienti da background e punti di vista diversi sono più inclini a riconoscere e contestare pregiudizi che altrimenti potrebbero passare inosservati.

- Team diversificati migliorano anche la capacità dell'azienda di comprendere le implicazioni sociali dei modelli di IA, aumentando l'efficacia delle soluzioni adottate per mitigare il bias.

Responsabilità Etica

L'adozione dell'IA comporta una responsabilità etica per le aziende, le quali devono assicurarsi che le tecnologie implementate siano giuste e trasparenti:

1. **Assicurare la Trasparenza nei Processi Decisionali**:

- La trasparenza è essenziale per mantenere la fiducia dei clienti e del pubblico. Le aziende devono documentare e spiegare il funzionamento dei loro modelli di IA, rendendo noti i dati e gli algoritmi utilizzati, nonché eventuali misure adottate per ridurre il bias.

- Molte aziende stanno adottando pratiche di "Explainable AI" (XAI) per rendere i modelli di IA comprensibili anche a persone senza conoscenze tecniche, spiegando come le decisioni vengono prese e offrendo maggiori garanzie di equità.

2. **Relazioni Pubbliche e Fiducia dei Consumatori**:

   o Le aziende che si dimostrano proattive nell'affrontare le questioni etiche dell'IA rafforzano la loro reputazione e la fiducia dei consumatori. Assumere un approccio etico e responsabile nell'implementazione dell'IA può trasformarsi in un vantaggio competitivo, attirando clienti e partner che privilegiano pratiche aziendali trasparenti e responsabili.

   o La responsabilità etica implica anche l'adozione di codici di condotta e linee guida che definiscono i valori aziendali rispetto all'uso dell'IA, stabilendo un impegno tangibile verso l'equità.

In conclusione, il bias e la fairness sono aspetti cruciali nell'adozione dell'IA aziendale. Attraverso un attento controllo dei dati, l'adozione di algoritmi equi, il coinvolgimento di team diversificati e un impegno alla trasparenza e alla responsabilità, le aziende possono ridurre il bias e costruire sistemi di IA più giusti, etici e sostenibili. Questo non solo protegge la reputazione dell'azienda, ma rafforza anche la fiducia dei consumatori e il valore sociale dei sistemi di IA.

Capitolo 3: Implementazione dell'IA nel Business

Primi Passi verso l'Adozione dell'IA

Nel percorso di adozione dell'IA, le aziende devono muovere i primi passi con un approccio strutturato e consapevole, poiché l'implementazione dell'intelligenza artificiale richiede un allineamento strategico e culturale. Di seguito, esploriamo due aspetti fondamentali: l'analisi delle esigenze aziendali e la costruzione di una cultura data-driven.

---

1. Analisi delle Esigenze Aziendali

Prima di introdurre l'IA in azienda, è essenziale che il management e i team di progetto comprendano in profondità dove e come l'IA può generare valore concreto. Questo processo include una serie di attività che permettono di mappare i processi aziendali esistenti e identificare aree di inefficienza o punti in cui i dati possono essere meglio utilizzati per ottenere insight.

- **Mappatura dei Processi Chiave**: Un primo passo cruciale consiste nel fare una mappatura completa dei processi chiave, come quelli legati alla gestione delle risorse umane, alla produzione o alle vendite. La mappatura aiuta a identificare fasi ripetitive o manuali che potrebbero beneficiare dell'automazione o dell'ottimizzazione tramite IA. Ad esempio, nelle operazioni di produzione, l'IA può essere utilizzata per monitorare e prevedere guasti dei macchinari, mentre nell'area del servizio clienti, chatbot e assistenti virtuali possono automatizzare le richieste comuni.

- **Valutazione delle Aree di Inefficienza**: Dopo aver mappato i processi, è fondamentale analizzare le aree in cui i dati sono poco sfruttati o le operazioni risultano lente e inefficienti. L'IA può giocare un ruolo decisivo, ad esempio, nel raccogliere e analizzare grandi volumi di dati per ottimizzare la catena di fornitura o prevedere cambiamenti nella domanda del mercato.

- **Definizione delle Priorità**: Non tutti i processi richiedono immediatamente l'IA; stabilire una priorità in base all'impatto potenziale e alla fattibilità tecnica è essenziale per un'adozione sostenibile. È utile che le aziende inizino dai settori in cui l'IA può portare un valore immediato e misurabile, per poi espandersi in altre aree. Ad esempio, iniziare con la previsione della domanda potrebbe essere strategico per un'azienda di retail, mentre nel settore sanitario, un sistema di supporto alla diagnosi può rappresentare una priorità.

2. Costruzione di una Cultura Data-Driven

L'adozione dell'IA richiede un cambiamento culturale profondo che va oltre l'implementazione tecnologica. Affinché l'IA diventi uno strumento strategico, l'azienda deve promuovere una cultura orientata al dato, dove i dipendenti siano incoraggiati a prendere decisioni basate su analisi e insight. La costruzione di questa cultura richiede iniziative specifiche per formare, sensibilizzare e motivare il personale.

- **Formazione e Acquisizione di Competenze Digitali**: Per realizzare una trasformazione IA di successo, le aziende devono investire in programmi di formazione per il personale. Formare i dipendenti sui concetti base dell'IA e sui metodi di analisi dei dati favorisce la comprensione e l'accettazione della tecnologia. Alcuni corsi chiave possono includere nozioni di machine learning, gestione dei dati e utilizzo di strumenti di data analytics.

- **Promuovere la Collaborazione tra i Team**: Una cultura data-driven implica che l'IA sia integrata nei diversi dipartimenti aziendali, e questo richiede collaborazione. I team tecnici, come quelli di sviluppo software e data science, devono lavorare a stretto contatto con le unità operative per sviluppare soluzioni IA che rispondano a bisogni reali. Ad esempio, il team marketing potrebbe collaborare con i data scientist per sviluppare modelli di IA che migliorino la personalizzazione delle offerte, mentre i team di produzione possono supportare la creazione di modelli di manutenzione predittiva.

- **Incentivare la Mentalità Aperta all'Innovazione**: Per costruire una cultura realmente innovativa, le aziende devono incentivare la sperimentazione e l'apertura verso nuove tecnologie. Creare ambienti di test (o sandbox) in cui i team possano provare nuove applicazioni di IA in un contesto sicuro può incoraggiare una mentalità sperimentale e aperta al cambiamento. In questo modo, i dipendenti vedono l'IA come una risorsa che supporta il loro lavoro anziché come una minaccia.

La costruzione di una cultura orientata all'IA è quindi un processo continuo e complesso che deve coinvolgere ogni livello aziendale. Le aziende che intraprendono questo percorso, bilanciando la tecnologia con una solida cultura data-driven, possono massimizzare l'impatto positivo dell'IA, adattandosi in modo dinamico ai cambiamenti del mercato.

Sviluppo di una Strategia IA

L'adozione dell'intelligenza artificiale in azienda richiede una strategia ben definita, in cui ogni fase del processo è mirata al raggiungimento di obiettivi chiari e in linea con la visione aziendale. Ecco come costruire una strategia efficace partendo dalla definizione degli obiettivi.

---

1. Definizione degli Obiettivi

Un elemento chiave per una strategia IA di successo è la definizione di obiettivi specifici e misurabili. L'IA è una tecnologia potente, ma senza obiettivi chiari, può risultare dispersiva e non allineata alle esigenze dell'azienda.

- **Obiettivi Specifici e Misurabili**: Definire obiettivi concreti è fondamentale per quantificare il valore aggiunto dell'IA. Per essere efficaci, questi obiettivi dovrebbero essere supportati da KPI (Key Performance Indicators) rilevanti per ogni funzione aziendale.

  - **Esempi di Obiettivi nel Marketing**: Nel marketing, gli obiettivi possono essere relativi all'aumento del tasso di conversione, all'incremento della fidelizzazione del cliente o al miglioramento dell'engagement tramite la personalizzazione delle campagne pubblicitarie. Qui, KPI come il tasso di apertura delle email o la riduzione del costo per acquisizione (CPA) possono aiutare a monitorare il successo delle iniziative IA.

  - **Ottimizzazione della Supply Chain**: Nella gestione della supply chain, l'IA può migliorare la previsione della domanda, ridurre i tempi di consegna o migliorare l'accuratezza delle scorte. I KPI possono includere la riduzione dei costi

68

operativi, il miglioramento della puntualità delle consegne o l'aumento della precisione delle previsioni.

- **Integrazione con la Visione Aziendale**: Gli obiettivi di un'iniziativa IA devono essere strettamente allineati alla mission e alla visione dell'azienda. Ad esempio, se una delle mission aziendali è migliorare l'esperienza del cliente, le applicazioni di IA dovrebbero essere orientate a tale scopo, come attraverso l'uso di chatbot per offrire assistenza personalizzata e in tempo reale.

  - **IA come Leva Strategica**: L'IA può fungere da catalizzatore per il raggiungimento di obiettivi aziendali a lungo termine. Un'azienda che mira alla sostenibilità, ad esempio, potrebbe utilizzare l'IA per ottimizzare i consumi energetici nei suoi impianti o per analizzare e migliorare le proprie operazioni logistiche, riducendo così l'impatto ambientale. Analogamente, un'azienda con una mission orientata all'innovazione potrebbe sfruttare l'IA per lanciare nuovi prodotti basati su analisi predittive del comportamento del consumatore.

2. Pianificazione degli Obiettivi nel Tempo

Un altro aspetto critico è la pianificazione temporale degli obiettivi. Poiché l'implementazione dell'IA richiede spesso tempo e risorse, è utile stabilire obiettivi a breve, medio e lungo termine. Questo approccio consente di mostrare rapidamente i primi risultati, mantenendo il team motivato e consentendo agli stakeholder di vedere il valore dell'investimento.

- **Obiettivi a Breve Termine**: Questi possono includere la raccolta dei dati necessari per addestrare i modelli IA o il completamento di progetti pilota che dimostrino il valore dell'IA in uno specifico settore aziendale.

- **Obiettivi a Medio Termine**: Il medio termine potrebbe concentrarsi sull'espansione delle applicazioni IA in più settori dell'azienda, passando dai progetti pilota alla produzione. Durante questa fase, l'azienda può iniziare a sfruttare i benefici misurabili dell'IA e a ottimizzare i processi aziendali su larga scala.

- **Obiettivi a Lungo Termine**: A lungo termine, l'IA dovrebbe diventare una componente essenziale della strategia aziendale, sostenendo una crescita continua e nuove iniziative strategiche. Per un'azienda tecnologica, ad esempio, questo potrebbe significare integrare l'IA in tutti i prodotti, mentre per un'azienda retail potrebbe significare l'adozione di un'infrastruttura completamente data-driven, capace di adattarsi dinamicamente alle preferenze dei clienti.

La definizione degli obiettivi è quindi il primo e fondamentale passo per l'implementazione di un progetto di IA di successo. Obiettivi chiari, misurabili e allineati alla visione aziendale garantiscono che l'IA non sia solo una tecnologia utilizzata in modo isolato, ma una leva strategica che supporta e amplifica la mission e i valori dell'azienda.

Selezione delle Tecnologie

Per implementare l'intelligenza artificiale in modo efficace, le aziende devono scegliere le tecnologie più adatte alle proprie esigenze specifiche. Questa sezione si concentra sui criteri da considerare nella selezione delle tecnologie e su come valutare le diverse opzioni disponibili.

1. Valutazione delle Opzioni Tecnologiche

Scegliere la giusta tecnologia di IA può sembrare una sfida data la vasta gamma di soluzioni esistenti, ciascuna con i suoi punti di forza e le sue applicazioni ideali. Una valutazione accurata delle opzioni tecnologiche richiede che l'azienda prenda in considerazione vari aspetti, tra cui il budget, la scalabilità e la compatibilità con i sistemi esistenti.

- **Compatibilità con i Sistemi Esistenti**: Integrare l'IA in un'infrastruttura IT preesistente è spesso complesso. È importante considerare la compatibilità della nuova tecnologia con i sistemi aziendali già in uso. Ad esempio, se l'azienda utilizza un database SQL per la gestione dei dati, è preferibile optare per una soluzione IA che si integri facilmente con tale sistema. Le tecnologie di IA cloud-native, come quelle offerte da fornitori come Amazon Web Services (AWS), Microsoft Azure e Google Cloud Platform, offrono strumenti preconfigurati che si possono integrare con i sistemi aziendali esistenti senza grandi modifiche strutturali.

- **Budget e Scalabilità**: Il budget è un fattore critico per la scelta della tecnologia. Soluzioni IA personalizzate possono risultare costose, quindi le aziende con risorse limitate potrebbero preferire pacchetti preconfigurati e modulari che consentono di pagare solo per le funzionalità utilizzate. Inoltre, la scalabilità è essenziale, poiché le esigenze di un'azienda possono cambiare nel tempo. Una piattaforma scalabile consente di aumentare l'uso dell'IA man mano che il volume di dati cresce o che vengono individuati nuovi casi d'uso.

2. Panoramica delle Principali Tecnologie di IA

La scelta della tecnologia IA deve basarsi anche sulla specificità dell'applicazione e sugli obiettivi dell'azienda. Ecco un'analisi delle principali tecnologie IA e i casi in cui risultano più utili.

- **Machine Learning (ML)**: Il machine learning, ovvero l'apprendimento automatico, è il motore principale di molte applicazioni IA. Consente ai sistemi di imparare dai dati e di fare previsioni o prendere decisioni senza essere stati programmati esplicitamente per farlo. Esistono tre tipi principali di machine learning:

  - **Supervisionato**: Adatto per problemi in cui si dispone di dati etichettati, come la previsione della domanda basata su dati storici delle vendite. Le applicazioni di marketing che segmentano i clienti rientrano spesso in questa categoria.

  - **Non Supervisionato**: Utilizzato quando si lavora con dati non etichettati. È utile per identificare pattern nascosti o segmentare i dati in cluster, come nell'analisi del comportamento degli utenti.

  - **Apprendimento per Rinforzo**: Consigliato per situazioni in cui il modello deve prendere decisioni autonome in ambienti dinamici, ad esempio per la gestione di robot industriali o per ottimizzare campagne pubblicitarie in tempo reale.

- **Deep Learning (DL)**: Una sottocategoria del machine learning che utilizza reti neurali profonde, il deep learning è particolarmente efficace per analizzare grandi quantità di dati non strutturati, come immagini, video e audio. È utile in applicazioni come il riconoscimento facciale, la diagnostica medica tramite analisi delle immagini o la rilevazione di anomalie in ambito finanziario.

- **Natural Language Processing (NLP)**: Il NLP è essenziale per tutte le applicazioni che richiedono l'analisi e la comprensione del linguaggio umano, come chatbot, assistenti virtuali e analisi dei sentimenti. Le tecnologie NLP stanno migliorando grazie ai modelli di linguaggio di grandi dimensioni (LLMs), che consentono ai sistemi di comprendere e rispondere a domande complesse con una precisione senza precedenti.

- **Computer Vision (CV)**: La visione artificiale è particolarmente rilevante per le aziende che lavorano con immagini o video. È applicata in settori come la produzione, per ispezionare la qualità dei prodotti, e il retail, per monitorare i livelli di stock in tempo reale tramite telecamere. Le applicazioni più avanzate includono il riconoscimento oggetti, la rilevazione di anomalie e la guida autonoma.

3. Scelta di una Soluzione Proprietaria o Commerciale

Un altro aspetto della selezione delle tecnologie IA è la decisione tra soluzioni IA proprietarie, sviluppate internamente, e soluzioni commerciali già disponibili sul mercato.

- **Soluzioni Proprietarie**: Le soluzioni IA sviluppate internamente offrono un controllo completo e una personalizzazione avanzata, ma richiedono un investimento significativo in termini di tempo e risorse. Questa opzione è generalmente preferibile per aziende di grandi dimensioni con competenze IA avanzate e necessità specifiche che non possono essere soddisfatte dalle soluzioni commerciali.

- **Soluzioni Commerciali**: Molti fornitori offrono soluzioni IA già pronte, scalabili e facili da integrare. Questo approccio riduce i costi di sviluppo e consente una rapida implementazione, ma con meno flessibilità. Le piattaforme IA dei grandi provider come Google, Amazon e Microsoft offrono un'ampia gamma di strumenti, dai modelli preaddestrati di ML alla gestione del flusso di lavoro, utili per aziende che vogliono ridurre il time-to-market.

La selezione delle tecnologie IA è quindi un processo critico che richiede una valutazione attenta e mirata. Un approccio strategico alla scelta delle tecnologie assicura che l'azienda ottenga i massimi benefici dall'adozione dell'IA, allineando le tecnologie scelte con gli obiettivi aziendali e con una visione a lungo termine.

Collaborazioni con Fornitori di Soluzioni IA

L'adozione dell'intelligenza artificiale comporta spesso una scelta cruciale: sviluppare internamente le soluzioni IA oppure collaborare con fornitori esterni specializzati. Questa sezione esamina i vantaggi e gli svantaggi di collaborare con partner esterni rispetto alla creazione di una soluzione IA interna e analizza come i fornitori e le consulenze tecnologiche possano offrire valore aggiunto, specialmente nelle fasi iniziali di implementazione.

---

1. Vantaggi della Collaborazione con Fornitori di Soluzioni IA

Collaborare con fornitori esterni di soluzioni IA offre numerosi vantaggi, tra cui l'accesso a tecnologie avanzate, una maggiore velocità di implementazione e un risparmio sui costi.

- **Accesso a Competenze Specializzate**: I fornitori di soluzioni IA dispongono di competenze specifiche e aggiornate sui nuovi strumenti e algoritmi. Questo vantaggio è particolarmente prezioso per aziende che non hanno team IA altamente qualificati o che operano in settori non tecnologici, dove formare personale interno potrebbe essere difficile e costoso.

- **Riduzione dei Costi Iniziali**: Sviluppare internamente una soluzione IA richiede un investimento significativo in termini di risorse e infrastrutture. I fornitori esterni possono ridurre i costi iniziali poiché offrono piattaforme scalabili e pacchetti modulari. Questo approccio consente alle aziende di pagare solo per le funzionalità necessarie, riducendo la necessità di acquisti hardware o di personale altamente specializzato.

- **Velocità di Implementazione**: I partner esterni, grazie alla loro esperienza e alle soluzioni preconfigurate, consentono di accelerare il processo di implementazione dell'IA. Aziende come IBM, Microsoft e Google offrono piattaforme IA pronte all'uso che possono essere integrate rapidamente nei sistemi aziendali esistenti, riducendo il time-to-market e consentendo di ottenere risultati in tempi più brevi.

2. Svantaggi della Collaborazione con Fornitori di Soluzioni IA

Nonostante i vantaggi, affidarsi a fornitori esterni può presentare alcune sfide che devono essere attentamente valutate.

- **Dipendenza da Terzi**: L'outsourcing delle soluzioni IA può portare a una dipendenza eccessiva dal fornitore.

Questa dipendenza può essere problematica se il fornitore cambia le proprie politiche, interrompe il supporto per alcune funzionalità o decide di aumentare i costi. Inoltre, la capacità dell'azienda di intervenire sui modelli o di personalizzarli può essere limitata, riducendo la flessibilità.

- **Limitata Personalizzazione**: Le soluzioni offerte dai fornitori esterni sono spesso progettate per soddisfare le esigenze di una vasta gamma di clienti, quindi potrebbero non essere perfettamente adatte a requisiti specifici. Per settori con esigenze particolari o con casi d'uso complessi, una soluzione sviluppata internamente potrebbe offrire una maggiore personalizzazione e flessibilità.

- **Questioni di Sicurezza e Privacy**: Affidarsi a un fornitore esterno comporta una gestione condivisa dei dati aziendali, che può presentare rischi di sicurezza e compliance, soprattutto se il fornitore è responsabile dell'archiviazione e dell'elaborazione dei dati sensibili. È importante verificare che i fornitori rispettino normative e standard di sicurezza come GDPR o CCPA per evitare rischi legali.

3. Il Ruolo di Consulenze e Partner Specializzati

Le consulenze tecnologiche e i partner specializzati in IA forniscono valore aggiunto per le aziende che non dispongono delle competenze necessarie per progettare una strategia IA o implementare soluzioni avanzate. Questi partner possono offrire un supporto flessibile, che va dalla consulenza strategica alla gestione operativa e alla formazione del personale.

- **Supporto nella Fase di Pianificazione**: I consulenti aiutano a identificare le opportunità di valore più rilevanti e a sviluppare una roadmap per l'implementazione dell'IA in linea con gli obiettivi aziendali. Questo aiuta l'azienda a evitare investimenti in iniziative non strategiche e a pianificare i costi e le risorse in modo più efficace.

- **Riduzione dei Rischi e Miglioramento della Scalabilità**: I partner specializzati possono aiutare le aziende a ridurre i rischi tecnici e a creare infrastrutture IA scalabili che possano essere adattate a nuovi progetti e ampliamenti futuri. Questo supporto si rivela prezioso per aziende che intendono scalare rapidamente le loro operazioni, adattandosi ai cambiamenti di mercato con flessibilità.

- **Trasferimento di Conoscenze e Formazione**: Uno degli obiettivi delle collaborazioni con i partner IA è quello di trasferire conoscenze al team interno, creando competenze durature. I consulenti offrono formazione sul funzionamento delle soluzioni implementate e sulle best practice di utilizzo, permettendo all'azienda di acquisire gradualmente autonomia nella gestione e manutenzione delle proprie iniziative IA.

Conclusione

Le collaborazioni con fornitori di soluzioni IA rappresentano una scelta strategica per molte aziende che vogliono accedere rapidamente a tecnologie avanzate senza dover investire pesantemente in risorse interne. Tuttavia, è essenziale valutare con attenzione i vantaggi e gli svantaggi, considerando la personalizzazione, la sicurezza dei dati e la dipendenza dal partner. Le consulenze tecnologiche possono giocare un ruolo cruciale nell'accompagnare l'azienda lungo il percorso di adozione, garantendo una transizione graduale e scalabile verso l'uso efficace dell'IA.

Case History di Successo

L'implementazione dell'intelligenza artificiale ha permesso a numerose aziende leader in diversi settori di ottenere risultati significativi in termini di efficienza, personalizzazione e scalabilità. Questa sezione presenta alcuni esempi nel settore retail, con una panoramica dei risultati ottenuti e delle metodologie IA adottate.

Esempi nel Retail

1. **Personalizzazione e Raccomandazioni**

   o **Amazon e la Raccomandazione Personalizzata**: Amazon è uno dei casi di maggior successo nell'uso dell'IA per personalizzare l'esperienza cliente. Grazie a complessi algoritmi di machine learning, Amazon analizza enormi quantità di dati sugli acquisti, le ricerche e i comportamenti di navigazione degli utenti. Il sistema genera raccomandazioni di prodotti su misura per ogni cliente, aumentando la probabilità di acquisto e migliorando la fidelizzazione. Le raccomandazioni personalizzate contribuiscono a una significativa percentuale delle vendite complessive di Amazon, dimostrando come l'IA possa massimizzare l'engagement degli utenti e migliorare la customer experience.

   o **Netflix e la Personalizzazione dei Contenuti**: Anche Netflix utilizza algoritmi di machine learning per personalizzare le offerte di contenuti. Il suo sistema di raccomandazione è basato su un'analisi avanzata dei dati di visualizzazione, come il tempo trascorso su ogni contenuto, le valutazioni degli utenti e i modelli di preferenza. Netflix è in grado di proporre contenuti specifici per ogni utente, aumentando il tempo di permanenza sulla piattaforma e riducendo il tasso di abbandono. La personalizzazione aiuta Netflix a differenziarsi in un mercato altamente competitivo, rendendo l'IA una leva strategica per la crescita e la soddisfazione dei clienti.

2. Gestione dell'Inventario

- **Walmart e l'Ottimizzazione delle Scorte**: Walmart, uno dei principali rivenditori al mondo, utilizza modelli di intelligenza artificiale per prevedere la domanda e ottimizzare la gestione dell'inventario. Attraverso l'analisi di dati storici, tendenze stagionali, eventi locali e fattori esterni come il meteo, l'IA di Walmart può prevedere le variazioni nella domanda per ciascun prodotto e negozio. Questo permette all'azienda di ridurre gli sprechi, diminuire i costi di magazzino e migliorare la disponibilità dei prodotti, aumentando l'efficienza dell'intera catena di approvvigionamento.

- **Zara e l'Adattamento alle Tendenze del Mercato**: Zara utilizza l'IA per adattarsi rapidamente ai cambiamenti nelle preferenze dei consumatori e nelle tendenze stagionali. I sistemi di analisi predittiva aiutano Zara a decidere quando e dove inviare specifici articoli, garantendo che i negozi siano riforniti con i prodotti più richiesti in tempo reale. Grazie a queste capacità predittive, Zara può rispondere prontamente alle fluttuazioni della domanda, evitando gli eccessi di inventario e riducendo il rischio di sconti o rimanenze. La gestione basata sull'IA consente a Zara di mantenere alta la soddisfazione dei clienti e di ridurre i costi operativi.

Risultati e Impatti delle Soluzioni IA nel Retail

Questi casi evidenziano i vantaggi significativi derivanti dall'uso dell'IA nel retail, sia a livello di esperienza cliente sia di efficienza operativa. L'uso di algoritmi avanzati per la personalizzazione permette alle aziende di offrire esperienze utente mirate, che si traducono in un aumento delle vendite e della fidelizzazione. Allo stesso tempo, l'ottimizzazione dell'inventario attraverso tecnologie predittive riduce i costi e minimizza gli sprechi, rendendo la catena di fornitura più agile e resiliente.

In sintesi, i risultati ottenuti da Amazon, Walmart, Netflix e Zara dimostrano come l'intelligenza artificiale non solo migliori la redditività, ma aiuti anche le aziende ad adattarsi rapidamente a un mercato in continua evoluzione, garantendo una maggiore competitività e soddisfazione dei clienti.

Innovazioni nel Settore Bancario

L'intelligenza artificiale ha trasformato il settore bancario, permettendo alle istituzioni finanziarie di automatizzare processi chiave, migliorare l'assistenza ai clienti e rafforzare le misure di sicurezza. Di seguito, alcuni casi di successo e applicazioni chiave dell'IA nel settore bancario.

Automazione dei Processi e Chatbot

- **Chatbot e Assistenza Virtuale**: Molte banche, tra cui Bank of America e JPMorgan Chase, hanno adottato chatbot e assistenti virtuali per migliorare l'esperienza del cliente e ridurre i tempi di attesa. Ad esempio, Erica, l'assistente virtuale di Bank of America, utilizza il machine learning per rispondere a domande frequenti, fornire consigli finanziari e gestire attività come il controllo dei saldi, il monitoraggio delle spese e il pagamento delle bollette. Grazie all'uso dell'IA, i chatbot possono risolvere richieste semplici 24/7, riducendo la pressione sugli operatori umani e aumentando la soddisfazione dei clienti.

- **Automazione delle Operazioni Bancarie**: Le banche stanno implementando l'automazione dei processi (RPA) per attività ripetitive come l'elaborazione delle richieste di prestito e la verifica dei documenti. Questi sistemi AI-driven possono verificare automaticamente la conformità dei documenti o eseguire controlli di identità, riducendo tempi e costi. JPMorgan Chase, ad esempio, utilizza un sistema AI per esaminare e approvare contratti legali, riducendo il tempo necessario per questo processo da diverse ore a pochi minuti. La tecnologia AI-driven per l'automazione consente alle banche di operare in modo più efficiente, diminuendo l'errore umano e i costi operativi.

Analisi del Rischio e Prevenzione delle Frodi

- **Rilevamento delle Frodi**: L'IA è diventata una risorsa fondamentale per rilevare attività fraudolente in modo proattivo. Attraverso algoritmi di machine learning, le banche analizzano enormi quantità di transazioni in tempo reale, cercando modelli sospetti che potrebbero indicare frodi. Ad esempio, Mastercard e Visa utilizzano l'IA per monitorare milioni di transazioni ogni secondo, rilevando comportamenti anomali e bloccando transazioni potenzialmente fraudolente. L'IA è in grado di rilevare segnali di frode prima che le perdite diventino significative, proteggendo sia i clienti che l'istituto bancario.

- **Analisi del Rischio di Credito**: L'intelligenza artificiale aiuta le banche a valutare il rischio di credito dei clienti in modo più accurato e rapido. Algoritmi di machine learning possono elaborare variabili tradizionali (come il reddito e il punteggio di credito) e aggiungere fattori alternativi (ad esempio, il comportamento sui social media, i dati di spesa e la stabilità occupazionale) per prevedere la probabilità di insolvenza. Revolut, una fintech britannica, utilizza modelli di machine learning per approvare istantaneamente richieste di prestito e carte di credito, fornendo ai clienti una decisione immediata e personalizzata basata sul loro profilo di rischio.

Risultati e Impatti delle Soluzioni IA nel Settore Bancario

L'adozione dell'intelligenza artificiale ha avuto un impatto significativo sulla sicurezza, efficienza e soddisfazione dei clienti. L'automazione dei processi e l'uso di chatbot consentono alle banche di offrire assistenza continua e personalizzata, migliorando la customer experience e riducendo i costi operativi. Dall'altro lato, l'analisi del rischio e la prevenzione delle frodi potenziate dall'IA garantiscono una maggiore sicurezza per clienti e istituzioni, riducendo i danni derivanti da frodi e insolvibilità.

Questi progressi rendono l'intelligenza artificiale uno strumento essenziale per le banche che vogliono restare competitive e affrontare le sfide della trasformazione digitale, dimostrando come l'IA possa creare valore sia per l'istituto che per il cliente finale.

Rivoluzioni nell'Industria Manifatturiera

L'introduzione dell'intelligenza artificiale ha trasformato radicalmente l'industria manifatturiera, rendendo i processi più efficienti, riducendo i costi e migliorando la qualità dei prodotti. Ecco due applicazioni chiave dell'IA nel settore manifatturiero che hanno rivoluzionato l'intera filiera produttiva.

Manutenzione Predittiva

La manutenzione predittiva rappresenta uno degli sviluppi più rivoluzionari nel campo dell'IA per la produzione. Tradizionalmente, i macchinari industriali venivano riparati solo dopo il verificarsi di guasti (manutenzione reattiva) o a intervalli di tempo predefiniti (manutenzione preventiva), con il rischio di guasti inattesi o costi eccessivi. L'IA ha permesso di adottare un approccio molto più proattivo.

- **Monitoraggio in Tempo Reale**: Grazie a sensori IoT integrati nei macchinari, le aziende raccolgono continuamente dati come vibrazioni, temperatura, pressione e suoni. Gli algoritmi di machine learning analizzano questi dati in tempo reale, rilevando anomalie che potrebbero indicare un imminente guasto. Un esempio di successo è General Electric, che utilizza l'IA per monitorare i motori a reazione e identificare segni di usura, prevenendo interruzioni improvvise e costose.

- **Riduzione dei Tempi di Inattività**: La manutenzione predittiva consente di pianificare gli interventi di manutenzione solo quando realmente necessario, evitando fermi macchina inutili. Questo ha portato a un aumento significativo della produttività e una riduzione dei costi operativi. Secondo McKinsey, la manutenzione predittiva può ridurre i costi di manutenzione fino al 20% e aumentare l'operatività dei macchinari fino al 30%.

Questa innovazione migliora anche la sicurezza in ambienti industriali, poiché i guasti inattesi possono costituire un pericolo per i lavoratori.

Automazione della Produzione

L'uso di reti neurali, sistemi di visione artificiale e algoritmi di ottimizzazione ha portato a un nuovo livello di automazione nei processi produttivi, rendendo l'industria manifatturiera più precisa, veloce ed efficiente.

- **Sistemi di Visione Artificiale**: Le telecamere avanzate e i sistemi di visione artificiale alimentati da IA vengono utilizzati per rilevare difetti nei prodotti durante il processo di produzione. Questi sistemi scansionano i prodotti in tempo reale, identificando rapidamente qualsiasi anomalia o difetto che potrebbe comprometterne la qualità. Ad esempio, BMW utilizza visione artificiale per controllare la qualità delle saldature nei suoi veicoli, garantendo che ogni saldatura rispetti gli standard di sicurezza e affidabilità.

- **Ottimizzazione delle Linee di Assemblaggio**: L'IA può ottimizzare la sequenza di attività nelle linee di produzione, identificando la disposizione ideale per minimizzare i tempi di lavorazione e ridurre i costi. Algoritmi avanzati analizzano i flussi di lavoro e suggeriscono modifiche per rendere i processi più efficienti. Un esempio innovativo è quello di Siemens, che ha sviluppato una "smart factory" in cui i macchinari comunicano tra loro e si adattano dinamicamente alle esigenze produttive, riducendo gli sprechi e aumentando la velocità di produzione.

Impatto sull'Industria Manifatturiera

Questi progressi stanno ridisegnando il settore manifatturiero, consentendo alle aziende di rispondere più rapidamente alle variazioni della domanda di mercato e di migliorare continuamente i propri processi. La manutenzione predittiva e l'automazione della produzione sono solo due degli strumenti che permettono alle aziende di mantenersi competitive in un ambiente globale in continua evoluzione. L'integrazione di queste tecnologie non solo riduce i costi e i tempi di inattività, ma migliora anche la qualità dei prodotti, contribuendo a una produzione più sostenibile ed efficiente.

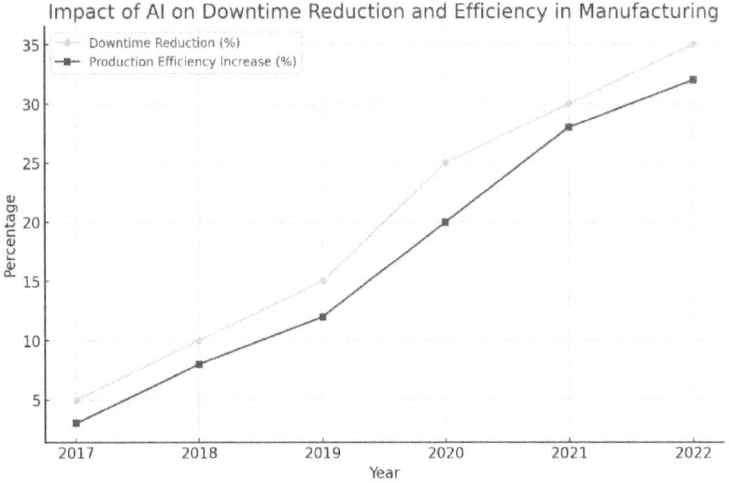

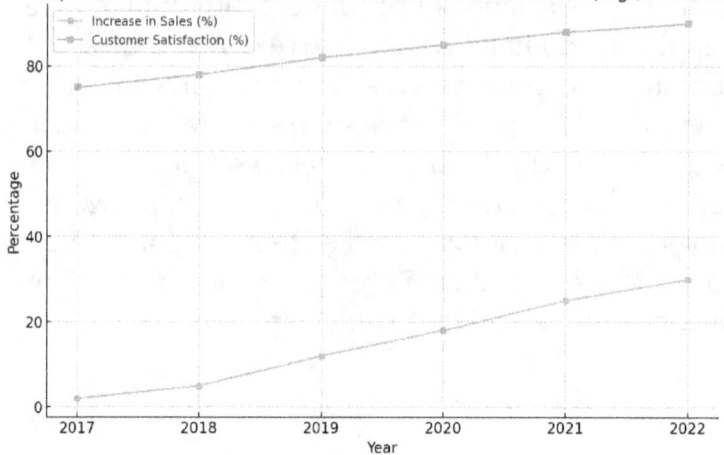

Impact of AI on Sales and Customer Satisfaction in Retail (e.g., Amazon)

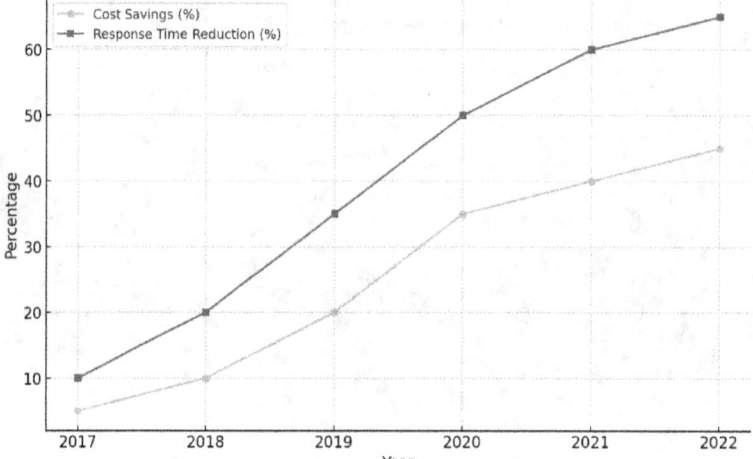

Impact of AI on Cost Savings and Response Time in Banking

Ecco i grafici che illustrano gli impatti dell'IA in vari settori:

1. **Retail (Amazon e altri e-commerce)**: Il primo grafico mostra come l'adozione dell'IA ha portato a un incremento delle vendite e a un miglioramento della soddisfazione del cliente negli anni. L'IA ha permesso una maggiore personalizzazione e raccomandazioni mirate, influenzando positivamente le metriche aziendali.

2. **Bancario**: Il secondo grafico evidenzia la riduzione dei costi e dei tempi di risposta ai clienti grazie all'uso di chatbot e automazione dei processi. L'IA ha portato risparmi significativi e miglioramenti nei tempi di gestione delle richieste, aumentando l'efficienza del servizio.

3. **Industria Manifatturiera**: Il terzo grafico mostra come la manutenzione predittiva e l'automazione dei processi abbiano ridotto i tempi di inattività e aumentato l'efficienza produttiva. Le aziende manifatturiere sono riuscite a mantenere alti livelli di operatività e a ridurre i costi associati alla manutenzione non programmata.

Questi esempi riflettono il valore crescente dell'IA in ciascun settore, migliorando efficienza, costi e qualità dell'esperienza cliente.

Capitolo 4: Tecnologie e Strumenti di IA

Panoramica delle principali tecnologie usate nell'intelligenza artificiale

Machine Learning (ML)

Il machine learning è un approccio all'IA in cui i computer apprendono da dati ed esperienze per fare previsioni o decisioni senza essere programmati esplicitamente per ogni compito. In ML, i modelli vengono "addestrati" su insiemi di dati per identificare pattern o correlazioni e, successivamente, applicano queste conoscenze a nuovi dati. ML è ampiamente utilizzato per:

- **Previsioni**: Ad esempio, prevedere la domanda di mercato o il comportamento degli utenti in e-commerce.

- **Classificazione e riconoscimento**: Come l'identificazione di email di spam o la classificazione di immagini in categorie.

- **Raccomandazioni personalizzate**: Utilizzato da piattaforme come Netflix o Amazon per suggerire prodotti o contenuti in base alle preferenze dell'utente.

Deep Learning (DL)

Il deep learning è una sottocategoria del machine learning che utilizza reti neurali profonde, ispirate al cervello umano, per analizzare dati complessi e riconoscere pattern sofisticati. Ogni "strato" della rete neurale elabora e trasforma i dati per generare output sempre più raffinati. Il deep learning è ideale per compiti che richiedono analisi dettagliate o input complessi:

- **Riconoscimento facciale e vocale**: È utilizzato da aziende tecnologiche per autenticazione e assistenti virtuali.

- **Analisi di immagini mediche**: Le reti neurali profonde aiutano a rilevare tumori e altre patologie analizzando scansioni mediche.

- **Veicoli autonomi**: L'elaborazione in tempo reale delle immagini catturate dai veicoli è essenziale per la guida autonoma.

Visione Artificiale (Computer Vision)

La visione artificiale si occupa di consentire ai computer di "vedere" e interpretare immagini e video. Utilizza algoritmi avanzati per analizzare contenuti visivi e derivare informazioni significative. È cruciale per:

- **Controllo qualità nella produzione**: Consente di identificare difetti o anomalie in prodotti e componenti.

- **Monitoraggio della sicurezza**: Riconoscimento delle minacce in video di sorveglianza.

- **Realtà aumentata (AR)**: App come Google Lens sfruttano la visione artificiale per riconoscere oggetti nel mondo reale e fornire informazioni correlate.

Elaborazione del Linguaggio Naturale (Natural Language Processing, NLP)

L'NLP permette ai computer di comprendere, interpretare e rispondere al linguaggio umano. Si tratta di una tecnologia chiave per migliorare l'interazione uomo-macchina e rendere i servizi più accessibili e personalizzati. Tra le applicazioni:

- **Chatbot e assistenti virtuali**: Sfruttati per il servizio clienti e il supporto IT, permettono risposte rapide e automatiche.

- **Analisi del sentiment**: Molto utilizzato per valutare l'opinione pubblica su social media o recensioni, comprendendo il tono e le emozioni dietro i messaggi.

- **Traduzione automatica**: Google Translate e altri strumenti di traduzione multilingue si basano su algoritmi NLP per offrire traduzioni contestualmente appropriate.

Queste tecnologie hanno spazi di applicazione distinti, ma spesso si sovrappongono o si combinano per risolvere problemi complessi, come nel caso di assistenti vocali che utilizzano sia deep learning per il riconoscimento vocale, sia NLP per comprendere e rispondere alle domande degli utenti.

Ecco un confronto tra le principali tecnologie di IA, per aiutare a comprendere i vantaggi e le limitazioni di ciascuna e i contesti in cui risultano più adatte.

Machine Learning (ML) Tradizionale

Vantaggi:

- **Semplicità e rapidità di implementazione**: I modelli di ML tradizionale sono generalmente meno complessi e richiedono meno risorse computazionali rispetto al deep learning.

- **Efficacia con set di dati di dimensioni moderate**: Non richiede enormi volumi di dati per essere efficace, rendendolo adatto per applicazioni aziendali con meno disponibilità di dati storici.

- **Trasparenza e interpretabilità**: I modelli di ML tradizionale, come quelli basati su regressione o decision tree, offrono risultati più facilmente interpretabili, facilitando la comprensione del funzionamento e la verifica del processo decisionale.

Limitazioni:

- **Prestazioni inferiori su compiti complessi**: Nei compiti che richiedono un'elaborazione più sofisticata dei dati, come il riconoscimento di immagini o il linguaggio naturale, l'ML tradizionale può risultare meno accurato.

- **Minor capacità di generalizzazione**: I modelli tradizionali possono avere difficoltà a adattarsi a variazioni nei dati o a nuovi scenari che non sono stati previsti nel training.

Quando Usarlo:

- ML tradizionale è ideale quando si dispone di set di dati moderati e si richiede un modello trasparente e facilmente interpretabile, ad esempio per previsioni basate su dati strutturati, come la previsione delle vendite o la classificazione di utenti in segmenti di mercato.

Deep Learning (DL)

Vantaggi:

- **Eccellenza nei compiti complessi**: Le reti neurali profonde sono in grado di gestire compiti estremamente complessi, come il riconoscimento vocale, il riconoscimento di immagini e l'analisi del linguaggio naturale, con una precisione significativamente più elevata rispetto ai metodi tradizionali.

- **Capacità di apprendere autonomamente i pattern**: Le reti neurali profonde possono identificare pattern complessi nei dati senza la necessità di feature engineering dettagliate.

- **Scalabilità con grandi volumi di dati**: Più dati vengono forniti al modello, più migliora la sua precisione, rendendo il deep learning ideale per aziende con accesso a grandi set di dati non strutturati.

Limitazioni:

- **Richiede elevate risorse computazionali**: I modelli di deep learning necessitano di hardware avanzato, come GPU, e possono risultare molto costosi.

- **Difficoltà di interpretazione**: I modelli deep learning sono spesso considerati "black box," e la comprensione del loro processo decisionale è più complessa, limitando la loro trasparenza.

- **Dipendenza dai grandi set di dati**: Funziona meglio con enormi quantità di dati, risultando meno utile per scenari con pochi dati disponibili.

Quando Usarlo:

- Il deep learning è adatto per casi complessi che richiedono l'analisi di dati non strutturati, come immagini, audio o testo, e quando sono disponibili risorse computazionali sufficienti. Un esempio è l'uso in ambito sanitario per l'analisi delle immagini mediche o nell'automotive per la guida autonoma.

Visione Artificiale (Computer Vision)

Vantaggi:

- **Adatto a compiti di elaborazione visiva**: Consente ai sistemi di analizzare e interpretare dati visivi, offrendo un vantaggio significativo in applicazioni come la sicurezza e il monitoraggio industriale.

- **Automazione della rilevazione di oggetti e difetti**: La computer vision può essere utilizzata per identificare oggetti specifici, monitorare ambienti o processi e rilevare difetti in tempo reale.

Limitazioni:

- **Dipendenza da immagini di alta qualità**: L'accuratezza delle analisi dipende dalla qualità delle immagini. Immagini scadenti o in condizioni di scarsa luminosità possono portare a errori.

- **Costi di sviluppo e implementazione**: L'implementazione può essere costosa, specialmente nei settori in cui sono necessari sensori e fotocamere ad alta risoluzione per acquisire i dati visivi.

Quando Usarlo:

- È particolarmente utile in settori come la produzione, per il controllo qualità, o nella sicurezza per la sorveglianza e il riconoscimento di oggetti in contesti affollati.

Elaborazione del Linguaggio Naturale (Natural Language Processing, NLP)

Vantaggi:

- **Comprensione e risposta al linguaggio umano**: L'NLP rende le interazioni tra utenti e sistemi IA più naturali e intuitive.

- **Applicazioni trasversali**: L'NLP è versatile e può essere utilizzato in assistenti virtuali, traduzione automatica e analisi del sentiment, rendendolo utile per un'ampia varietà di settori.

Limitazioni:

- **Sensibilità alle sfumature culturali e linguistiche**: L'NLP fatica a comprendere tutte le sfumature e le ambiguità del linguaggio umano, soprattutto quando i modelli non sono addestrati su contesti specifici o idiomi.

- **Problemi di bias**: Modelli di NLP possono riprodurre pregiudizi e stereotipi presenti nei dati di addestramento.

Quando Usarlo:

- L'NLP è ideale per applicazioni che richiedono interazioni basate sul linguaggio, come chatbot nel servizio clienti, analisi delle recensioni per estrarre insight o piattaforme di traduzione.

Sommario del Confronto

- **ML Tradizionale** è preferibile per compiti semplici e strutturati, con set di dati limitati e quando è richiesta interpretabilità.

- **Deep Learning** eccelle in compiti complessi e su dati non strutturati ma richiede molti dati e risorse computazionali.

- **Computer Vision** è fondamentale per applicazioni che richiedono analisi visiva.

- **NLP** è cruciale per l'interazione umana, interpretando e generando linguaggio naturale.

Benefici del Cloud nell'IA

1. Scalabilità e Flessibilità di Elaborazione

- Il cloud offre la possibilità di accedere a risorse di calcolo su richiesta, scalabili in base alle esigenze del progetto. Per i modelli di IA, che spesso richiedono una potenza computazionale elevata, questa capacità di scalare rapidamente è essenziale. Le aziende possono accedere a server, GPU e TPU (Tensor Processing Units) avanzati, senza dover investire in infrastrutture fisiche costose.

- Ad esempio, durante l'addestramento di modelli complessi, come le reti neurali profonde, il cloud permette di aumentare temporaneamente le risorse, riducendo i tempi di elaborazione e i costi operativi.

2. Aggiornamenti e Accesso a Strumenti Avanzati

- I provider di cloud aggiornano continuamente le loro piattaforme con nuovi strumenti e tecnologie di IA, consentendo alle aziende di usufruire sempre delle ultime innovazioni senza dover effettuare aggiornamenti interni. Ciò è particolarmente vantaggioso per le aziende che non dispongono di competenze IA interne avanzate, poiché possono integrare strumenti preconfigurati di machine learning, analisi dei dati e visualizzazione.

3. Collaborazione e Accessibilità

- Le piattaforme cloud facilitano la collaborazione tra team sparsi geograficamente, consentendo a data scientist, sviluppatori e stakeholder di accedere ai dati e ai modelli in tempo reale. Inoltre, il cloud supporta l'accesso multiutente in modo sicuro, permettendo alle aziende di lavorare in modo collaborativo su progetti IA anche da remoto.

4. Riduzione dei Costi Operativi

- Implementando IA nel cloud, le aziende evitano gli elevati costi di manutenzione hardware e gestione dell'infrastruttura on-premise. La tariffazione basata sull'uso consente alle aziende di pagare solo per le risorse utilizzate, migliorando l'efficienza dei costi soprattutto nei picchi di elaborazione.

Piattaforme e Strumenti per l'Integrazione dell'IA

Principali Provider di Cloud AI

1. AWS (Amazon Web Services)

- **Amazon SageMaker**: Permette alle aziende di costruire, addestrare e distribuire modelli di machine learning su larga scala. SageMaker offre strumenti per l'automazione del machine learning e l'ottimizzazione del modello.

- **Rekognition**: Un servizio di riconoscimento delle immagini e dei video che supporta applicazioni di visione artificiale, come la rilevazione facciale e la catalogazione delle immagini.

- **Comprehend**: Strumento di analisi del linguaggio naturale per estrarre sentimenti, entità e categorie dai testi. È utile per le aziende che vogliono ottenere insight dalle recensioni o dai feedback dei clienti.

2. Microsoft Azure

- **Azure Machine Learning**: Una piattaforma completa per il machine learning che supporta lo sviluppo e il deployment di modelli. Permette agli sviluppatori di utilizzare librerie open source e framework popolari.

- **Azure Cognitive Services**: Include API per riconoscimento delle immagini, elaborazione del linguaggio, analisi del sentiment, e traduzione. È uno strumento versatile per le aziende che desiderano integrare l'IA nelle loro applicazioni.

- **Bot Service**: Servizio per la creazione di chatbot e assistenti virtuali. Questo servizio permette alle aziende di implementare soluzioni per migliorare l'interazione cliente.

3. Google Cloud Platform (GCP)

- **AutoML**: Consente agli utenti di creare modelli di machine learning personalizzati senza richiedere competenze avanzate di programmazione. Include soluzioni per visione, NLP e tabulari, adattabili a diversi settori.

- **Cloud Vision AI**: Utilizzato per applicazioni di visione artificiale, come il riconoscimento facciale e la categorizzazione di immagini. È una soluzione versatile per il retail e la sicurezza.

- **Dialogflow**: Strumento per la creazione di chatbot e assistenti virtuali avanzati, utilizzato in call center e applicazioni di customer service.

Questi provider offrono servizi di intelligenza artificiale scalabili e integrabili che permettono alle aziende di rispondere rapidamente alle esigenze del mercato, oltre a garantire supporto per esigenze specifiche di settore.

Integrazione e Sicurezza

1. Sicurezza dei Dati

- L'archiviazione e l'elaborazione dei dati nel cloud implicano l'adozione di misure di sicurezza avanzate per proteggere le informazioni sensibili. I provider di cloud forniscono spesso strumenti di sicurezza come crittografia avanzata, autenticazione a più fattori e gestione degli accessi, ma è essenziale che le aziende definiscano ruoli e permessi appropriati per prevenire accessi non autorizzati.

- Le aziende devono essere consapevoli dei regolamenti di sicurezza, come il GDPR, e garantire che i dati nel cloud rispettino le normative sulla privacy e la sicurezza.

2. Compliance e Normative

- I provider cloud offrono strumenti di compliance integrati che aiutano a rispettare normative globali e locali. Tuttavia, le aziende devono assicurarsi che i dati archiviati e trattati nel cloud rispettino le norme di protezione dei dati locali, come il GDPR in Europa o il CCPA in California.

- Esempi di strumenti di compliance includono audit trail, gestione dei consensi e monitoraggio in tempo reale delle attività.

3. Interoperabilità e Integrazione con Sistemi Legacy

- Uno degli ostacoli comuni nell'adozione del cloud è l'integrazione con i sistemi esistenti (legacy). I servizi cloud moderni offrono API e strumenti di integrazione che facilitano la connessione tra nuovi sistemi di IA e infrastrutture aziendali esistenti, consentendo di migrare gradualmente verso nuove soluzioni senza interrompere l'attività.

- Le soluzioni di hybrid cloud (combinazione di cloud pubblico e privato) offrono un modo per adottare l'IA mantenendo alcuni dati e processi sui server locali, migliorando la flessibilità.

4. Gestione dei Costi

- Le aziende devono monitorare attentamente i costi del cloud, poiché i servizi di elaborazione intensiva come il machine learning possono generare spese elevate. Strumenti di gestione dei costi, come i dashboard di monitoraggio delle risorse, aiutano a prevedere le spese e ottimizzare l'utilizzo delle risorse.

Principali Framework e Librerie

1. TensorFlow

- **Descrizione**: Sviluppato da Google, TensorFlow è uno dei framework di deep learning più popolari. È noto per la sua versatilità e scalabilità, con un supporto ampio per modelli di machine learning e deep learning. TensorFlow include anche TensorFlow Lite per dispositivi mobili e TensorFlow.js per applicazioni web.

- **Vantaggi**: Offre una vasta gamma di strumenti, tra cui TensorBoard per la visualizzazione dei modelli e un ampio ecosistema di risorse e tutorial. È ideale sia per progetti di ricerca sia per applicazioni in produzione.

- **Limitazioni**: La complessità dell'API può rendere difficile l'apprendimento per i principianti, ed è meno intuitivo rispetto ad altri framework come PyTorch.

2. PyTorch

- **Descrizione**: Sviluppato da Facebook AI Research (FAIR), PyTorch è particolarmente apprezzato per la sua semplicità e facilità di utilizzo, oltre a essere molto adatto per la ricerca accademica. È spesso scelto per progetti di ricerca grazie alla sua capacità di calcolo dinamico e alla flessibilità.

- **Vantaggi**: PyTorch offre un'interfaccia più intuitiva e facile da debuggare grazie a un approccio dinamico. È particolarmente utile per prototipi veloci e per progetti di ricerca.

- **Limitazioni**: Rispetto a TensorFlow, la scalabilità in produzione può essere un po' più complessa, anche se il supporto è migliorato notevolmente negli ultimi anni.

3. scikit-learn

- **Descrizione**: Scikit-learn è una libreria di machine learning basata su Python, costruita su NumPy e SciPy. È particolarmente adatta per applicazioni di machine learning tradizionale come classificazione, regressione e clustering.

- **Vantaggi**: Facile da usare, con un'interfaccia semplice e una vasta gamma di algoritmi preimpostati per il machine learning tradizionale. Ideale per progetti di apprendimento automatico che non richiedono complessi modelli di deep learning.

- **Limitazioni**: Scikit-learn non supporta direttamente modelli di deep learning, il che può limitarne l'applicabilità in progetti avanzati.

Strumenti di Supporto e Sviluppo

1. Keras

- **Descrizione**: Keras è un'API di alto livello per il deep learning, inizialmente indipendente ma ora integrata in TensorFlow. È pensata per rendere più semplice la costruzione e l'addestramento di modelli di deep learning.

- **Vantaggi**: Fornisce un'interfaccia intuitiva per creare rapidamente reti neurali, semplificando notevolmente la prototipazione. È ottima per chi è all'inizio con il deep learning, grazie alla sua semplicità.

- **Limitazioni**: Non offre la stessa flessibilità di TensorFlow puro o PyTorch per progetti complessi, risultando meno versatile per soluzioni di ricerca avanzate.

2. Hugging Face

- **Descrizione**: Hugging Face è una libreria open source che offre modelli preaddestrati e strumenti per l'elaborazione del linguaggio naturale (NLP). È diventata rapidamente uno standard de facto per il NLP grazie ai suoi transformer e alla vasta collezione di modelli disponibili.

- **Vantaggi**: Include modelli preaddestrati per una vasta gamma di applicazioni NLP, tra cui traduzione, sentiment analysis, e classificazione di testi. Hugging Face semplifica notevolmente l'uso dei transformer, velocizzando il processo di sviluppo.

- **Limitazioni**: Anche se offre molti modelli preaddestrati, l'addestramento personalizzato di modelli complessi può risultare costoso in termini computazionali.

3. Apache Spark MLlib

- **Descrizione**: Spark MLlib è la libreria di machine learning di Apache Spark, progettata per scalare su grandi dataset. È una scelta ottima per progetti di big data e per l'integrazione di machine learning in pipeline di analisi dati.

- **Vantaggi**: Consente l'elaborazione di dati su larga scala, il che la rende ideale per analisi big data e applicazioni di machine learning su dataset molto grandi.

- **Limitazioni**: La configurazione e la gestione di cluster Spark possono risultare complesse per progetti più piccoli o per team con competenze limitate.

Vantaggi e Limitazioni dell'Open Source

1. Vantaggi dell'Open Source

- **Flessibilità e Personalizzazione**: I framework open source consentono alle aziende di personalizzare le soluzioni per rispondere a esigenze specifiche, senza vincoli imposti da software proprietari.

- **Comunità e Supporto**: Le piattaforme open source vantano grandi comunità di sviluppatori che contribuiscono regolarmente con aggiornamenti, patch di sicurezza e miglioramenti delle prestazioni. Questo supporto collaborativo aiuta le aziende a risolvere problemi e a scoprire nuove funzionalità.

- **Accesso Gratuito**: L'open source riduce i costi iniziali, rendendo più accessibile l'adozione di tecnologie avanzate. Per molte aziende, questo vantaggio permette di sperimentare e innovare senza la necessità di investimenti onerosi.

2. Limitazioni dell'Open Source

- **Supporto Tecnico Limitato**: A differenza dei software proprietari, l'open source spesso non offre supporto ufficiale. Le aziende devono fare affidamento su risorse interne o su consulenti esterni per gestire e risolvere i problemi.

- **Gestione degli Aggiornamenti**: Le librerie open source evolvono rapidamente, il che può rappresentare una sfida per le aziende che devono mantenere la compatibilità tra versioni e gestire gli aggiornamenti regolari senza interrompere l'operatività.

- **Sicurezza**: Sebbene la trasparenza dell'open source sia un vantaggio, significa anche che le vulnerabilità del codice sono accessibili a chiunque. Le aziende devono adottare pratiche di sicurezza rigorose per proteggere i propri sistemi e dati.

Capitolo 5: IA e Big Data

Il Ruolo dei Big Data nell'IA

I big data rappresentano la "materia prima" per i modelli di intelligenza artificiale (IA) e sono essenziali per creare sistemi in grado di apprendere, adattarsi e fare previsioni accurate. Nell'IA, i dati vengono utilizzati per addestrare algoritmi, i quali analizzano pattern complessi e strutture ricorrenti che altrimenti non sarebbero evidenti. Per comprendere a fondo il ruolo dei big data nell'IA, è importante approfondire tre caratteristiche fondamentali dei big data: volume, varietà e velocità, note anche come le "3V".

- **Volume**: Il volume fa riferimento alla quantità impressionante di dati generata ogni giorno dalle attività umane e dai dispositivi connessi, come smartphone, sensori, transazioni online e social media. Più dati un sistema IA ha a disposizione, migliori saranno le sue capacità predittive e la sua precisione. Ad esempio, nei modelli di machine learning, una grande quantità di dati permette agli algoritmi di "vedere" una vasta gamma di esempi, rendendoli più robusti e meno inclini agli errori.

- **Varietà**: I dati non sono omogenei, ma spaziano tra dati strutturati (come database tabellari) e dati non strutturati (come immagini, video, testi e audio). Questa varietà rappresenta sia una sfida sia un'opportunità: la capacità dell'IA di elaborare dati di ogni tipo la rende estremamente flessibile. Ad esempio, nel Natural Language Processing (NLP), il sistema elabora testi non strutturati per estrarre significato e insight, mentre nella computer vision i modelli interpretano immagini per identificare oggetti, espressioni facciali o condizioni stradali.

- **Velocità**: La velocità con cui i dati vengono generati, elaborati e analizzati è in continua crescita. Dalle transazioni finanziarie in tempo reale ai dati generati dai sensori delle auto a guida autonoma, la rapidità dell'analisi è cruciale per sistemi IA che devono prendere decisioni istantanee. Il concetto di "real-time analytics" è quindi essenziale: l'IA, sfruttando l'analisi in tempo reale, può fornire risposte immediate a situazioni dinamiche.

L'importanza dei Big Data per l'IA

I big data permettono all'IA di:

1. **Migliorare l'accuratezza e la qualità delle previsioni**: Un maggiore volume di dati riduce il margine di errore degli algoritmi di IA, rendendo i modelli più affidabili e performanti.

2. **Rilevare pattern complessi**: Grazie alla quantità e alla varietà dei dati, l'IA può individuare pattern sottili e relazioni nascoste che altrimenti passerebbero inosservate, permettendo analisi più profonde.

3. **Apprendere continuamente**: La disponibilità costante di nuovi dati permette ai modelli IA di aggiornarsi e adattarsi a contesti in evoluzione, migliorando le loro prestazioni nel tempo.

Dati Strutturati vs. Non Strutturati

Dati Strutturati

I dati strutturati sono informazioni organizzate secondo uno schema ben definito, solitamente in tabelle e database relazionali. Questi dati hanno una struttura rigorosa, che li rende facili da interpretare per i sistemi informatici e, quindi, facili da interrogare, analizzare e manipolare. Per esempio, un database di vendite può contenere colonne per il nome del cliente, la data di acquisto, il prodotto acquistato e l'importo speso. Questi dati sono rapidamente accessibili per analisi numeriche e statistiche grazie alla loro organizzazione.

Caratteristiche principali dei dati strutturati:

- **Formato predefinito:** Sono organizzati in righe e colonne.

- **Facilità di accesso:** È possibile interrogarli facilmente tramite linguaggi di interrogazione, come SQL.

- **Analisi rapida:** La loro struttura rende i dati particolarmente adatti per applicazioni che richiedono risposte rapide.

Uso dell'IA con dati strutturati: Per l'IA, i dati strutturati sono ideali per l'addestramento e l'analisi predittiva, poiché possono essere elaborati e utilizzati facilmente in modelli di machine learning classici, come modelli di classificazione e regressione. Ad esempio, nel settore bancario, i dati strutturati dei clienti (come reddito, età e storico creditizio) possono essere utilizzati per costruire modelli di valutazione del rischio.

Dati Non Strutturati

I dati non strutturati, al contrario, non seguono uno schema rigido e comprendono testi, immagini, audio, video e altri formati meno ordinati. Questi tipi di dati rappresentano la maggior parte delle informazioni generate oggi, ma sono meno intuitivi da analizzare con i metodi tradizionali poiché mancano di una struttura predefinita. Tuttavia, rappresentano una ricchezza di informazioni potenziali, poiché contengono contenuti qualitativi, come emozioni, contesto e dettagli visivi.

Caratteristiche principali dei dati non strutturati:

- **Mancanza di organizzazione:** Non sono organizzati in righe e colonne; invece, i dati possono essere testuali, visivi o in forma di audio.

- **Sfide di accesso e interpretazione:** Richiedono tecniche di analisi avanzate, come il Natural Language Processing (NLP) per i testi, la computer vision per le immagini e l'elaborazione del parlato per l'audio.

- **Potenziale qualitativo:** Possono contenere informazioni preziose per comprendere il contesto e le preferenze degli utenti.

Uso dell'IA con dati non strutturati: L'IA ha fatto enormi progressi nella capacità di estrarre valore dai dati non strutturati. Ad esempio, attraverso il NLP, i sistemi di IA possono analizzare recensioni di prodotti online per comprendere i sentimenti dei clienti. Le reti neurali convoluzionali (CNN) applicate alla computer vision consentono ai sistemi di IA di "vedere" e interpretare immagini, come nel caso del riconoscimento facciale. Nell'assistenza sanitaria, i modelli di deep learning possono analizzare immagini radiologiche per rilevare anomalie che potrebbero indicare malattie.

Estrarre Valore dai Dati Non Ordinati

L'IA riesce a sfruttare anche i dati meno ordinati grazie a tecniche di apprendimento avanzato:

1. **Machine Learning e NLP:** Permettono di analizzare grandi volumi di testo non strutturato per individuare sentimenti, tendenze e intenzioni.

2. **Computer Vision:** Elabora le immagini per estrarre informazioni dettagliate, utili in ambiti come la produzione e la sicurezza.

3. **Elaborazione di audio e video:** Utilizzata per l'analisi di dati vocali, come nei servizi di assistenza al cliente automatizzati o nelle applicazioni di sicurezza.

Sfide nella Gestione dei Big Data

La gestione dei Big Data comporta una serie di sfide complesse che le aziende devono affrontare per sfruttare al meglio le potenzialità dell'intelligenza artificiale. Di seguito, una panoramica delle principali difficoltà e delle problematiche associate.

1. Raccolta dei Dati

La raccolta di grandi volumi di dati da fonti diverse è un processo impegnativo, soprattutto perché i dati possono provenire da numerosi sistemi interni (CRM, ERP) e fonti esterne (social media, dispositivi IoT).

Sfide principali:

- **Eterogeneità delle Fonti:** Dati provenienti da diversi formati e strutture richiedono metodi di raccolta differenti.

- **Volume e Velocità:** La quantità di dati generata in tempo reale, specialmente dai dispositivi IoT, richiede infrastrutture di archiviazione e di rete robuste per raccoglierli in modo efficiente.

- **Qualità e Pertinenza dei Dati:** La raccolta di dati di bassa qualità o irrilevanti può condurre a risultati imprecisi e modelli di IA poco performanti.

2. Pulizia dei Dati

I dati raccolti da diverse fonti sono spesso incompleti, duplicati o disorganizzati. La pulizia dei dati è essenziale per garantire che i modelli di IA possano elaborare informazioni affidabili e rilevanti, ma è anche uno dei compiti più laboriosi e soggetti a errori.

Sfide principali:

- **Integrazione dei Dati:** Il consolidamento dei dati da fonti diverse richiede processi di standardizzazione, deduplicazione e formattazione che possono essere complessi.

- **Qualità e Accuratezza:** Rimuovere errori, valori mancanti e anomalie nei dati è essenziale ma richiede un processo costante e attento per garantire precisione.

- **Aggiornamento Continuo:** I dati cambiano rapidamente, quindi è necessario mantenere aggiornati i set di dati per evitare che l'IA produca insight obsoleti.

3. Integrazione dei Dati

Integrare i Big Data in un'unica piattaforma per l'analisi è una sfida che richiede tecnologia avanzata e competenze specifiche. I dati strutturati e non strutturati devono essere combinati e resi interoperabili per poter essere sfruttati in un'unica pipeline di analisi.

Sfide principali:

- **Compatibilità tra Sistemi:** Molti sistemi IT tradizionali non sono progettati per interfacciarsi con i Big Data e i modelli di IA, rendendo complessa l'integrazione.

- **Architettura dei Dati:** Le architetture di dati devono essere progettate per gestire la scalabilità e supportare l'integrazione continua dei dati.

- **Tempi di Elaborazione:** Integrare grandi volumi di dati senza rallentare i processi aziendali richiede infrastrutture efficienti e algoritmi ottimizzati.

4. Privacy e Sicurezza dei Dati

Con l'aumento dei Big Data, cresce anche il rischio di violazioni della privacy e di perdita di dati. La gestione dei Big Data richiede attenzione particolare alla protezione delle informazioni sensibili, sia per evitare rischi di compliance che per mantenere la fiducia degli utenti.

Sfide principali:

- **Compliance Normativa:** Le normative come GDPR in Europa e CCPA in California impongono restrizioni severe sulla raccolta, l'archiviazione e l'uso dei dati personali, richiedendo una gestione accurata.

- **Sicurezza Informatica:** I Big Data richiedono protocolli di sicurezza avanzati per prevenire fughe di dati e proteggere le informazioni sensibili da attacchi informatici.

- **Trasparenza e Consenso:** Le aziende devono ottenere il consenso degli utenti per raccogliere e utilizzare i loro dati, oltre a garantire trasparenza sul loro utilizzo.

5. Governance dei Dati

La governance dei dati riguarda le politiche e i processi per gestire la qualità, la sicurezza e la disponibilità dei dati. Stabilire una governance dei Big Data solida è cruciale per garantire che i dati siano accurati e utilizzabili per modelli di IA efficaci.

Sfide principali:

- **Definizione di Standard e Politiche:** Stabilire regole chiare per la gestione dei dati è essenziale per unificare le pratiche all'interno dell'organizzazione.

- **Monitoraggio della Qualità dei Dati:** La governance deve includere misure di controllo per garantire che i dati mantengano elevati standard di qualità e rilevanza.

- **Formazione del Personale:** È necessario formare i dipendenti per rispettare le politiche di governance, assicurandosi che sappiano come gestire e utilizzare i dati in modo conforme.

Introduzione all'Analisi Predittiva

L'analisi predittiva è una metodologia che utilizza modelli statistici e algoritmi di machine learning per analizzare dati storici e identificare pattern significativi. Attraverso questi pattern, l'intelligenza artificiale è in grado di fare previsioni accurate sugli sviluppi futuri, fornendo insight utili per il processo decisionale aziendale.

Che cos'è l'Analisi Predittiva?

L'analisi predittiva si basa su grandi quantità di dati per identificare relazioni tra variabili e prevedere eventi futuri. Viene comunemente utilizzata per stimare la probabilità di determinati comportamenti o eventi, come le preferenze dei clienti, la domanda di prodotti e i rischi di mercato. Ad esempio, modelli di machine learning possono analizzare i dati di vendita passati e le tendenze di acquisto per suggerire quali prodotti potrebbero diventare popolari nei prossimi mesi.

Come l'IA Supporta l'Analisi Predittiva

L'intelligenza artificiale migliora l'analisi predittiva grazie alla sua capacità di elaborare enormi volumi di dati e di adattarsi ai cambiamenti. Gli algoritmi di machine learning riescono a individuare correlazioni anche complesse nei dati e a creare modelli di previsione che diventano più accurati con il tempo. Tecniche come il deep learning e il natural language processing (NLP) ampliano ulteriormente le potenzialità dell'analisi predittiva, consentendo di includere fonti di dati non strutturati come testo, immagini e audio.

L'Utilizzo dell'Analisi Predittiva per Prendere Decisioni Basate sui Dati

Molte aziende adottano l'analisi predittiva per supportare il processo decisionale in modo più rapido e preciso. L'IA permette di effettuare simulazioni di scenari futuri e di generare insight utili per ridurre rischi, ottimizzare risorse e migliorare l'efficacia delle operazioni. Ad esempio:

- **Previsioni di Vendita e Domanda:** L'analisi predittiva aiuta le aziende a prevedere la domanda futura di prodotti o servizi, adattando strategie di produzione, marketing e distribuzione.

- **Ottimizzazione della Customer Experience:** Modelli predittivi consentono di anticipare le esigenze dei clienti e di offrire esperienze personalizzate, migliorando la fidelizzazione e la soddisfazione.

- **Gestione del Rischio e Prevenzione delle Frodi:** Nel settore finanziario, l'analisi predittiva viene usata per individuare attività sospette e ridurre il rischio di frodi.

Vantaggi per il Business

Le aziende che utilizzano l'analisi predittiva ottengono vantaggi significativi, come una maggiore efficienza operativa e una riduzione dei costi. L'adozione di questa tecnologia contribuisce a trasformare i dati in valore strategico, favorendo una cultura aziendale basata sui dati e migliorando la capacità di risposta a condizioni di mercato in evoluzione.

Modelli Predittivi nel Marketing

I modelli predittivi sono strumenti potenti nel marketing moderno, poiché permettono di trasformare enormi quantità di dati in insight pratici che migliorano la relazione con i clienti e aumentano l'efficacia delle campagne. L'intelligenza artificiale analizza il comportamento storico, le preferenze e i pattern dei consumatori, consentendo alle aziende di prevedere come i clienti potrebbero interagire con i loro prodotti o servizi in futuro.

Personalizzazione e Segmentazione dei Clienti

L'IA e i modelli predittivi rendono possibile la creazione di campagne personalizzate, suddividendo il pubblico in segmenti basati su variabili come il comportamento d'acquisto, le preferenze di prodotto e l'interazione passata con il marchio. La segmentazione predittiva consente ai marketer di creare messaggi e offerte mirate per ciascun gruppo, migliorando l'efficacia e il tasso di conversione delle campagne.

- **Esempio:** Una piattaforma e-commerce può usare modelli di machine learning per identificare cluster di clienti interessati a categorie specifiche (come sport, moda o elettronica) e indirizzare loro campagne promozionali personalizzate, aumentando le probabilità di acquisto.

Previsioni delle Tendenze

L'analisi predittiva consente ai marketer di anticipare le tendenze emergenti, sfruttando dati su preferenze, recensioni dei consumatori e comportamenti online. Modelli predittivi applicati ai big data e ai social media possono identificare pattern che segnalano nuovi gusti e interessi, permettendo alle aziende di adattare rapidamente le proprie strategie e prodotti.

- **Esempio:** Un'azienda di abbigliamento può utilizzare l'analisi predittiva per monitorare trend nei social media, cogliendo i segnali di nuove mode e regolando di conseguenza il proprio inventario, assicurandosi di avere i prodotti giusti al momento giusto.

Customer Lifetime Value (CLV)

Il CLV, o Customer Lifetime Value, rappresenta il valore economico totale di un cliente per tutta la durata del rapporto con l'azienda. Utilizzando l'IA, le aziende possono stimare il CLV di ciascun cliente, individuando chi potrebbe generare maggiori profitti nel tempo e orientando le risorse verso clienti ad alto valore. Questa metrica guida la creazione di strategie di retention e fidelizzazione, aiutando a mantenere i clienti più redditizi e a minimizzare il churn.

- **Esempio:** Un'azienda di servizi può analizzare le interazioni dei clienti per stimare il CLV e decidere di investire di più in programmi di loyalty o premi per i clienti con un CLV elevato.

Vantaggi dell'Analisi Predittiva nel Marketing

L'uso di modelli predittivi nel marketing permette di migliorare l'efficacia delle campagne, riducendo al contempo i costi di acquisizione e fidelizzazione dei clienti. Questi modelli offrono anche una maggiore capacità di risposta alle mutevoli dinamiche di mercato, aiutando le aziende a mantenere un vantaggio competitivo attraverso decisioni informate e proattive.

Ottimizzazione della Supply Chain

L'intelligenza artificiale sta trasformando la supply chain in un settore molto più efficiente, adattivo e resiliente. La combinazione di big data e algoritmi predittivi permette alle aziende di anticipare le necessità e ottimizzare le operazioni in ogni fase della catena di approvvigionamento.

Gestione della Domanda e dell'Offerta

L'IA aiuta a prevedere la domanda futura con modelli che analizzano dati storici, tendenze di mercato, stagionalità e persino eventi esterni come festività o promozioni. Questa capacità di previsione ottimizza i livelli di inventario, evitando sia l'eccesso di scorte, che aumenta i costi di stoccaggio, sia le rotture di stock che possono portare a perdite di vendite e clienti insoddisfatti.

- **Esempio:** Un rivenditore alimentare può usare modelli di machine learning per prevedere un picco nella domanda di determinati prodotti durante le vacanze, regolando così gli ordini per evitare sprechi e migliorare la disponibilità dei prodotti sugli scaffali.

Manutenzione Predittiva nelle Filiali e nei Magazzini

L'uso di sensori IoT e algoritmi di analisi predittiva consente il monitoraggio continuo di attrezzature e infrastrutture all'interno di magazzini e filiali. Con queste tecnologie, è possibile identificare i primi segnali di potenziali guasti e programmare interventi di manutenzione prima che si verifichino problemi, riducendo i costi e minimizzando i tempi di inattività.

- **Esempio:** Un'azienda di logistica può installare sensori su carrelli elevatori e nastri trasportatori per monitorare lo stato delle apparecchiature e pianificare la manutenzione preventiva, garantendo che le operazioni procedano senza interruzioni.

Logistica e Trasporti Ottimizzati

I modelli di IA ottimizzano le rotte di consegna e i tempi di trasporto utilizzando dati in tempo reale come traffico, condizioni meteorologiche e disponibilità delle risorse. Questi sistemi permettono di adattare rapidamente i percorsi, riducendo i tempi di consegna e il consumo di carburante, migliorando l'efficienza e riducendo i costi operativi.

- **Esempio:** Un'azienda di e-commerce può usare l'IA per monitorare le condizioni di traffico e ridirigere i veicoli lungo percorsi alternativi in caso di incidenti o congestioni, migliorando l'affidabilità delle consegne ai clienti.

Vantaggi Complessivi per la Supply Chain

L'implementazione dell'IA nella gestione della supply chain offre vantaggi concreti, come la riduzione dei costi, l'ottimizzazione dell'inventario e una maggiore capacità di risposta a imprevisti e variazioni della domanda. Questo approccio proattivo e adattabile alla gestione della supply chain aiuta le aziende a essere più competitive e a soddisfare meglio le aspettative dei clienti.

Capitolo 6: Futuro dell'Intelligenza Artificiale

Tendenze Emergenti nell'Intelligenza Artificiale

Nel panorama in continua evoluzione dell'intelligenza artificiale (IA), stanno emergendo tendenze che stanno ridefinendo il ruolo e l'impatto della tecnologia nelle nostre vite e nelle nostre attività economiche. Tra queste, l'IA etica e trasparente, l'Edge AI e la decentralizzazione, e l'IA per la sostenibilità stanno assumendo un'importanza crescente, mostrando come l'IA possa non solo potenziare il business, ma anche promuovere principi etici, accessibilità e un futuro più sostenibile.

IA Etica e Trasparente

Uno dei temi centrali per il futuro dell'IA è la necessità di sviluppare algoritmi etici, progettati con attenzione a trasparenza, spiegabilità e responsabilità. La trasparenza negli algoritmi consente agli utenti di capire come e perché una decisione è stata presa. Ad esempio, in ambiti delicati come il credito o l'assunzione di personale, è fondamentale che gli algoritmi siano spiegabili, affinché gli utenti possano fidarsi delle loro decisioni. La spiegabilità, quindi, richiede che il sistema possa giustificare in modo comprensibile il proprio funzionamento, riducendo il rischio di decisioni arbitrarie o discriminatorie.

L'IA "fair", o equa, sta guadagnando terreno come un valore chiave, poiché le aziende si impegnano a eliminare pregiudizi e discriminazioni dai loro algoritmi. Questa tendenza riflette un impegno verso l'inclusione e il rispetto dei diritti umani. I modelli di IA devono essere addestrati su dati rappresentativi e privi di pregiudizi storici o sociali, e le aziende stanno introducendo audit e test per individuare e mitigare i rischi di bias. In questo modo, l'IA può operare rispettando i principi di uguaglianza e garantendo che le sue decisioni siano imparziali e rispettose delle diversità.

Edge AI e Decentralizzazione

Un'altra tendenza significativa è il passaggio dall'uso dell'IA su data center centrali all'elaborazione direttamente sui dispositivi locali, come smartphone, sensori IoT e altri dispositivi intelligenti. Conosciuta come Edge AI, questa decentralizzazione permette di eseguire operazioni di IA in tempo reale, riducendo i tempi di latenza e permettendo decisioni immediate senza dover attendere risposte dal cloud.

Questa evoluzione favorisce applicazioni in settori come l'automazione industriale e la salute. Ad esempio, i dispositivi indossabili per il monitoraggio della salute possono rilevare anomalie senza la necessità di inviare i dati a un server remoto, aumentando la sicurezza e la privacy dei dati personali. Inoltre, l'Edge AI riduce la dipendenza dal cloud, diminuendo i costi e l'uso di risorse. In un mondo sempre più connesso, dove miliardi di dispositivi generano quantità enormi di dati, l'Edge AI rappresenta una soluzione efficiente per gestire ed elaborare informazioni localmente.

IA per la Sostenibilità

Un altro importante campo di applicazione dell'IA riguarda la sostenibilità ambientale. L'IA per la sostenibilità utilizza tecnologie avanzate per migliorare l'efficienza energetica, ottimizzare le risorse naturali e ridurre le emissioni di carbonio. Nella gestione delle risorse, l'IA può aiutare le aziende a monitorare e ottimizzare i consumi, riducendo gli sprechi e aumentando l'efficienza.

Inoltre, l'IA gioca un ruolo fondamentale nelle energie rinnovabili. Può prevedere la produzione di energia da fonti solari o eoliche, adattando la rete elettrica per rispondere alla domanda senza sprechi. Anche nelle città intelligenti, l'IA viene utilizzata per ottimizzare i trasporti, monitorare la qualità dell'aria e ridurre l'inquinamento.

L'IA per la sostenibilità rappresenta una svolta per le aziende e le amministrazioni pubbliche che desiderano adottare pratiche sostenibili e ridurre l'impatto ambientale delle loro attività. Inoltre, l'IA può guidare innovazioni green, aprendo la strada a un futuro in cui la tecnologia e l'ambiente lavorano insieme in modo armonico.

IA e il Futuro del Lavoro

Con l'avanzare dell'intelligenza artificiale (IA), il mondo del lavoro si trova di fronte a una trasformazione profonda che solleva domande su come l'automazione influirà sui posti di lavoro e sulle competenze richieste. Se da un lato l'IA offre opportunità per aumentare la produttività e l'innovazione, dall'altro pone sfide sul fronte dell'occupazione e delle competenze. Ecco tre temi chiave che delineano il futuro del lavoro in un contesto sempre più automatizzato.

Automazione vs. Creazione di Nuovi Ruoli

Uno dei dibattiti più accesi è quello sull'impatto dell'automazione sul mercato del lavoro. L'IA e i robot sono in grado di svolgere compiti ripetitivi e processi standardizzati con maggiore velocità e precisione rispetto agli esseri umani. Questo porta molte aziende a considerare l'automazione come un'opzione per migliorare l'efficienza e ridurre i costi, con un impatto diretto su alcune categorie di lavori, come quelli legati alla produzione e alla logistica.

Tuttavia, l'automazione non significa necessariamente perdita di posti di lavoro. Al contrario, si prevede che l'IA possa generare nuove posizioni orientate alla supervisione, alla gestione e allo sviluppo dei sistemi intelligenti. Questi nuovi ruoli includono posizioni come data scientist, ingegneri dell'IA, esperti in etica dell'IA e tecnici specializzati nella manutenzione delle tecnologie automatizzate. Il futuro del lavoro, quindi, non riguarda solo l'automazione, ma anche la creazione di professioni nuove, focalizzate sull'uso e sul miglioramento dell'IA.

Reskilling e Upskilling

Per prepararsi all'integrazione dell'IA, le aziende e i governi stanno investendo sempre di più in programmi di reskilling e upskilling. Il reskilling (riqualificazione) è il processo di formazione dei lavoratori in nuove competenze per ruoli diversi da quelli attuali, mentre l'upskilling (aggiornamento delle competenze) riguarda l'ampliamento delle competenze in funzione dei cambiamenti tecnologici.

Queste iniziative sono cruciali per garantire che i lavoratori possano adattarsi e competere nel nuovo scenario del lavoro. Ad esempio, un impiegato amministrativo può imparare a utilizzare strumenti di automazione per semplificare compiti ripetitivi, mentre un responsabile della logistica potrebbe acquisire competenze di analisi dei dati per interpretare previsioni della domanda basate sull'IA. Il reskilling e l'upskilling non solo aumentano l'occupabilità delle persone, ma aiutano le aziende a mantenere una forza lavoro aggiornata e capace di affrontare le sfide del futuro.

Collaborazione Uomo-Macchina

L'IA non si limita a sostituire il lavoro umano, ma offre anche strumenti per migliorare la produttività attraverso la collaborazione. Molte applicazioni di IA sono pensate per lavorare a fianco delle persone, facilitando attività complesse e potenziando le capacità umane. Gli assistenti intelligenti, per esempio, possono aiutare professionisti in vari settori a prendere decisioni informate analizzando grandi quantità di dati in pochi secondi.

Questa collaborazione uomo-macchina permette di creare un ambiente di lavoro dove le capacità umane e quelle delle macchine si completano a vicenda. Ad esempio, nel settore sanitario, un medico può collaborare con un sistema di IA per diagnosticare patologie con maggiore accuratezza e velocità, mentre nel marketing, un esperto può utilizzare l'IA per analizzare il comportamento dei clienti e ideare campagne mirate. Questa sinergia migliora l'efficienza e promuove l'innovazione, consentendo ai lavoratori di concentrarsi su compiti più creativi e strategici che richiedono un tocco umano.

Il futuro del lavoro nell'era dell'IA sarà, quindi, caratterizzato da un equilibrio tra automazione e nuovi ruoli, dall'investimento in competenze avanzate e dalla collaborazione tra persone e tecnologia. Questa evoluzione richiederà un adattamento continuo, ma offre anche l'opportunità di costruire un ambiente di lavoro più dinamico e stimolante, dove l'IA potenzia le capacità umane piuttosto che sostituirle.

Visioni sul Futuro dell'IA nel Business

Il futuro dell'intelligenza artificiale (IA) nel mondo del business è caratterizzato da un'evoluzione che va oltre la semplice automazione, muovendosi verso l'intelligenza aumentata, che potenzia e arricchisce le capacità umane. In questo contesto, l'IA non si limita a sostituire i processi manuali, ma diventa uno strumento che supporta decisioni complesse, stimola l'innovazione e personalizza l'esperienza del cliente. Vediamo in dettaglio due aspetti fondamentali di questa visione: l'automazione completa rispetto all'intelligenza aumentata e il ruolo dell'IA nell'innovazione dei servizi.

Automazione Completa vs. Intelligenza Aumentata

L'automazione completa implica l'uso dell'IA per eseguire interi processi senza intervento umano, liberando risorse e migliorando la velocità e la precisione operativa. Tuttavia, l'automazione totale può risultare limitante quando è necessario il giudizio umano per risolvere situazioni complesse o inusuali. È qui che entra in gioco il concetto di **intelligenza aumentata**, dove l'IA funge da "potenziatore" delle capacità umane.

L'intelligenza aumentata combina la capacità dell'IA di analizzare dati rapidamente e identificare pattern con il valore unico del pensiero critico e della creatività umana. Ad esempio, nei processi decisionali aziendali, l'IA può raccogliere e presentare dati rilevanti o suggerire azioni basate su modelli predittivi, mentre l'intervento umano è necessario per adattare queste informazioni a situazioni specifiche, valutando anche fattori etici o intuitivi. In questo modo, l'intelligenza aumentata non solo migliora l'efficienza, ma mantiene la centralità dell'essere umano nei processi decisionali più complessi.

Questa sinergia tra uomo e IA rappresenta una visione dell'automazione più flessibile, che permette di personalizzare e adattare i processi in tempo reale. Le aziende possono quindi beneficiare di una maggiore produttività, mantenendo al contempo la capacità di rispondere a sfide e cambiamenti imprevisti.

IA nell'Innovazione dei Servizi

L'IA sta trasformando il settore dei servizi in modo profondo, soprattutto in campi come quello legale e medico, dove l'automazione e l'intelligenza aumentata consentono di rispondere alle esigenze in modo più rapido ed efficiente. Nel settore **legale**, ad esempio, i sistemi di IA possono esaminare grandi quantità di documenti legali, analizzare giurisprudenza e individuare precedenti rilevanti in tempi molto più brevi rispetto a un avvocato umano. Questo accelera i tempi di ricerca e consente ai professionisti di concentrarsi su aspetti strategici e creativi della gestione dei casi, come l'interpretazione della legge e la costruzione di argomentazioni personalizzate.

Nella **sanità**, l'IA può assistere i medici nell'analisi di immagini diagnostiche, come radiografie o risonanze magnetiche, identificando con rapidità e precisione segnali di potenziali anomalie. Questa capacità permette di velocizzare i tempi di diagnosi e migliorare la qualità dell'assistenza offerta ai pazienti. Inoltre, l'IA può essere utilizzata per personalizzare i piani di trattamento, basandosi su modelli predittivi che considerano la storia clinica e le caratteristiche individuali del paziente.

In entrambi i settori, l'automazione e l'intelligenza aumentata non solo ottimizzano i processi operativi, ma rendono anche il servizio più personalizzato e accessibile. La capacità dell'IA di analizzare e gestire dati complessi in modo rapido permette ai professionisti di offrire soluzioni e assistenza su misura, elevando la qualità e l'efficienza dei servizi.

L'evoluzione dell'IA verso una forma di intelligenza aumentata e la sua applicazione innovativa in diversi settori rappresentano una delle trasformazioni più significative nel futuro del business. Le aziende che sapranno integrare l'IA come supporto alle capacità umane potranno beneficiare di un vantaggio competitivo sostenibile, migliorando al contempo i propri prodotti e servizi. Questa visione, incentrata sulla collaborazione tra uomo e macchina, segna una nuova era in cui l'IA diventa un partner strategico piuttosto che un semplice sostituto.

IA Generativa e Creatività

L'intelligenza artificiale generativa è una delle aree più affascinanti e in rapido sviluppo dell'IA, capace di espandere i confini della creatività umana in modi che prima sembravano inimmaginabili. Questo tipo di IA può produrre contenuti originali e adattati alle preferenze degli utenti, offrendo nuovi strumenti a settori come il marketing, l'arte e l'intrattenimento. L'IA generativa apre la porta a due grandi applicazioni: la **creazione di contenuti e progettazione** e la **personalizzazione su scala**.

Creazione di Contenuti e Progettazione

L'IA generativa consente la creazione automatica di contenuti testuali, visuali e musicali, rappresentando un supporto prezioso per creativi, professionisti del marketing e artisti. Grazie a modelli avanzati, l'IA può generare immagini, musica e testi che simulano la creatività umana, ma con una velocità e una precisione impensabili. Questi contenuti possono essere adattati in base al contesto o al pubblico di destinazione, permettendo alle aziende di rispondere alle esigenze creative in tempo reale.

- **Marketing e Pubblicità**: I modelli di IA generativa possono produrre contenuti pubblicitari come slogan, immagini o video personalizzati. Questo permette di ridurre i tempi di progettazione e di sviluppare più rapidamente campagne di marketing mirate, adattando i messaggi e le grafiche alle diverse piattaforme o ai vari segmenti di pubblico.

- **Arte e Intrattenimento**: L'IA generativa viene utilizzata anche per creare arte digitale e musica, spesso collaborando con artisti per ispirare nuove forme espressive. Può, ad esempio, produrre opere d'arte che combinano stili diversi o creare melodie originali che i musicisti possono integrare nelle proprie composizioni. Questa sinergia tra uomo e macchina stimola la creatività, portando alla nascita di opere inedite e innovative.

L'IA generativa non sostituisce la creatività umana, ma ne diventa un'estensione, offrendo una piattaforma per sperimentare e testare nuove idee in tempi rapidi. Artisti e professionisti possono esplorare stili e combinazioni che forse non avrebbero considerato, arricchendo così il loro lavoro e ampliando il ventaglio di possibilità.

Personalizzazione su Scala

Un'altra applicazione cruciale dell'IA generativa è la capacità di creare contenuti e prodotti altamente personalizzati, basati sui dati e sulle preferenze individuali. Questa caratteristica è particolarmente preziosa per le aziende che cercano di migliorare l'esperienza utente e di costruire un rapporto di fiducia con il proprio pubblico.

L'IA generativa può analizzare le informazioni sugli interessi e le abitudini dei singoli utenti, producendo contenuti su misura che rispondono ai loro gusti e bisogni specifici.

- **Esperienze Utente Personalizzate**: Nei settori dell'e-commerce e dello streaming, l'IA generativa può adattare le raccomandazioni di prodotto o i suggerimenti di contenuti a seconda delle preferenze individuali. Ad esempio, su piattaforme di streaming musicale o video, può creare playlist o suggerire film in base ai generi e agli artisti preferiti dall'utente. Questo tipo di personalizzazione aumenta l'engagement e la soddisfazione del cliente.

- **Prodotti Su Misura**: Nel mondo del retail, l'IA generativa può generare suggerimenti di stile personalizzati o creare configurazioni di prodotto uniche. Ad esempio, un utente potrebbe visualizzare abiti o accessori creati virtualmente, in base alle sue preferenze di colore, tessuto e stile. Così, la personalizzazione diventa non solo possibile ma scalabile, con proposte che rispondono immediatamente ai gusti degli utenti.

Queste capacità trasformano l'IA generativa in uno strumento potente per migliorare la customer experience e per costruire relazioni significative con i clienti. La personalizzazione su scala consente alle aziende di soddisfare le esigenze individuali senza perdere efficienza, ottimizzando sia l'efficacia dei contenuti sia la loro rilevanza per il singolo utente.

Grazie a queste applicazioni, l'IA generativa si prospetta come una tecnologia fondamentale per il futuro della creatività e della personalizzazione, rendendo possibile una nuova era di innovazione in cui l'IA non solo automatizza, ma co-crea insieme agli esseri umani.

Capitolo 7: Risorse e Formazione sull'IA

Formazione e Competenze per il Futuro

Per entrare con successo nel settore dell'intelligenza artificiale, è essenziale possedere una combinazione di competenze tecniche e soft skills. Le **competenze tecniche** costituiscono la base per comprendere e sviluppare modelli di IA, includendo la **programmazione**, spesso in linguaggi come Python e R, e una buona padronanza di strumenti di **machine learning** e **analisi dati**. Conoscenze matematiche di statistica e algebra lineare sono utili per costruire e interpretare i modelli, mentre competenze in gestione dei database e cloud computing sono altrettanto preziose per gestire grandi volumi di dati.

Accanto alle abilità tecniche, le **soft skills** sono cruciali per affrontare le complessità e le sfide del settore IA. Competenze come il **problem-solving** permettono di affrontare problemi in modo creativo ed efficiente, mentre il **pensiero critico** aiuta a valutare e interpretare i dati in modo accurato. Anche la comunicazione efficace è fondamentale: molti ruoli richiedono infatti di tradurre concetti tecnici per stakeholder non tecnici, rendendo i risultati dell'IA comprensibili e applicabili alle decisioni aziendali.

Ruoli in Evoluzione nell'IA

Il settore dell'IA è in continua evoluzione, portando con sé la necessità di nuovi ruoli e competenze. Alcuni dei ruoli emergenti includono:

- **Analista di Dati**: responsabile della raccolta e analisi dei dati per identificare pattern e tendenze significative. È un ruolo chiave per trasformare i dati grezzi in insight utilizzabili.

- **Ingegnere del Machine Learning**: si occupa della progettazione e implementazione di modelli di apprendimento automatico, garantendo che i sistemi siano scalabili, efficaci e adatti ai bisogni aziendali.

- **Progettista di Sistemi di IA**: lavora per creare architetture che integrino l'IA in modo efficiente all'interno delle infrastrutture esistenti, collaborando spesso con ingegneri e analisti per assicurare che i sistemi siano funzionali e ottimizzati.

- **Esperto di Etica dell'IA**: un ruolo sempre più importante, focalizzato a garantire che i sistemi di IA rispettino standard etici e di equità, considerando trasparenza, spiegabilità e responsabilità per ridurre bias e discriminazioni.

Ogni ruolo richiede una formazione specifica, ma tutti condividono l'esigenza di un apprendimento continuo, poiché le tecnologie e i metodi di IA si evolvono rapidamente.

Strategie di Apprendimento Continuo

In un settore in costante trasformazione come l'IA, aggiornare e migliorare le proprie competenze è essenziale. Tra le migliori strategie di **apprendimento continuo** troviamo:

- **Partecipazione a Conferenze e Workshop**: eventi come NeurIPS e la Conferenza Internazionale sul Machine Learning (ICML) offrono accesso diretto agli ultimi sviluppi. I workshop pratici permettono di applicare nuovi concetti sotto la guida di esperti, arricchendo il proprio bagaglio di esperienze.

- **Comunità Online e Networking**: iscriversi a gruppi come Towards Data Science su Medium o seguire discussioni su forum specializzati (come quelli su GitHub e Stack Overflow) permette di entrare in contatto con altri professionisti e di scambiare idee e soluzioni.

- **Pianificazione del Proprio Sviluppo Professionale**: stabilire obiettivi di apprendimento mirati, come completare un certo numero di corsi all'anno o acquisire nuove certificazioni, può dare una struttura all'apprendimento. Anche iscriversi a corsi avanzati e specializzazioni su piattaforme come Coursera, edX o Udacity aiuta a mantenere il passo con le innovazioni.

Questi strumenti non solo arricchiscono le competenze tecniche ma ampliano anche la comprensione delle best practice e delle tendenze emergenti. In questo modo, chi lavora nell'IA può mantenere un vantaggio competitivo e affrontare le sfide future con sicurezza e competenza.

Risorse Online e Offline

Corsi di Livello Base e Avanzato

Un percorso di apprendimento nell'intelligenza artificiale può iniziare con **corsi di livello base** su piattaforme affidabili come Coursera, edX e Udacity. Questi corsi forniscono una solida base nei principi di programmazione, statistica e machine learning, elementi fondamentali per comprendere i concetti di IA. Ad esempio, corsi introduttivi come "Machine Learning" di Andrew Ng su Coursera offrono una panoramica sui concetti chiave, mentre edX propone "Data Science Essentials" per chi vuole capire meglio il contesto dell'analisi dati.

Per coloro che desiderano avanzare, i **corsi di livello avanzato** approfondiscono tecniche specifiche e prevedono una maggiore applicazione pratica. "Deep Learning Specialization" su Coursera, "AI Programming with Python" su Udacity e i corsi avanzati su machine learning di edX sono ideali per esplorare tematiche complesse come il deep learning e il Natural Language Processing (NLP). Questi corsi offrono anche la possibilità di lavorare su progetti pratici, un aspetto cruciale per acquisire esperienza reale.

Certificazioni Riconosciute

Ottenere una **certificazione riconosciuta** rappresenta un traguardo importante per chi vuole validare formalmente le proprie competenze. Alcune delle certificazioni più apprezzate nel settore includono:

- **Google Professional Machine Learning Engineer**: valida le competenze in progettazione, sviluppo e monitoraggio di modelli di machine learning scalabili. Questa certificazione è indicata per coloro che mirano a lavorare con applicazioni avanzate di ML su larga scala.
- **Microsoft Azure AI Engineer Associate**: focalizzata sugli strumenti di IA di Azure, questa certificazione è perfetta per chi lavora con i servizi di cloud computing e desidera sviluppare soluzioni di IA nel cloud.
- **IBM AI Engineering Professional Certificate**: offre una preparazione completa su machine learning, deep learning e NLP, rappresentando un riconoscimento di qualità nel settore IA.

Queste certificazioni dimostrano competenza e padronanza in aree specialistiche e aiutano a distinguersi nel mercato del lavoro, offrendo una credibilità formalizzata e immediatamente riconoscibile.

Corsi di Specializzazione

Per chi desidera approfondire competenze specifiche, i **corsi di specializzazione** sono il passo successivo. Ad esempio:

- **Deep Learning**: Coursera offre il "Deep Learning Specialization", un corso completo che copre tutte le principali reti neurali, utile per chi vuole capire come utilizzare tecniche di deep learning in applicazioni avanzate.
- **Natural Language Processing (NLP)**: l'NLP è essenziale per chi vuole applicare l'IA in ambiti come

l'analisi di testo e la creazione di chatbot. Corsi come "Natural Language Processing with Classification and Vector Spaces" su Coursera sono ideali per iniziare.

- **AI applicata ai Big Data**: piattaforme come edX propongono corsi specializzati in big data e IA, un'area che unisce competenze di machine learning e gestione di grandi volumi di dati, come "Big Data and Machine Learning Fundamentals".

Queste specializzazioni permettono di focalizzarsi su settori dell'IA con alta domanda di competenze, dando un valore aggiunto alla formazione e aprendo nuove opportunità di carriera.

Libri e Pubblicazioni di Riferimento

Manuali e Guide Pratiche

Per chi è agli inizi nel mondo dell'intelligenza artificiale e del machine learning, alcuni testi classici possono fornire una base solida. Uno dei più apprezzati è **"Deep Learning" di Ian Goodfellow, Yoshua Bengio e Aaron Courville**, un testo fondamentale che copre i concetti principali del deep learning. Questo libro è considerato un pilastro nel settore e offre un equilibrio tra teoria e pratica, ideale per studenti, sviluppatori e ricercatori.

Un altro titolo consigliato è **"Machine Learning Yearning" di Andrew Ng**, disponibile gratuitamente sul sito di Ng. Questo manuale pratico fornisce consigli utili per la costruzione di sistemi di machine learning in contesti aziendali, ponendo un'enfasi particolare sulla strategia. È ideale per coloro che cercano indicazioni pratiche per implementare l'IA e il machine learning nei loro progetti.

Per professionisti già avviati, **"Hands-On Machine Learning with Scikit-Learn, Keras, and TensorFlow" di Aurélien**

Géron è un libro pratico che esplora le principali librerie di machine learning e deep learning in Python. Questo testo è ideale per chi desidera fare esperienza diretta con strumenti e librerie popolari nel settore.

Riviste e Articoli Scientifici

Rimanere aggiornati sugli sviluppi della ricerca è fondamentale in un campo in continua evoluzione come quello dell'IA. Tra le riviste di riferimento troviamo:

- **IEEE Transactions on Neural Networks and Learning Systems**: una rivista che pubblica articoli all'avanguardia su reti neurali, machine learning e sistemi intelligenti. Questo periodico è una fonte autorevole per i professionisti che desiderano approfondire le teorie e le applicazioni delle reti neurali.
- **Journal of Artificial Intelligence Research (JAIR)**: questa rivista è disponibile gratuitamente online e offre una raccolta di articoli accademici che trattano una vasta gamma di argomenti, dalla teoria di base ai progressi applicativi nell'IA.
- **Nature Machine Intelligence**: pubblicato da Nature, questo periodico esplora la ricerca avanzata nell'IA, con articoli che trattano aspetti sia tecnici sia etici, come la trasparenza e l'impatto sociale delle tecnologie di IA.

Consultare queste riviste periodicamente consente di seguire le tendenze e gli sviluppi più recenti in ambito IA, approfondendo anche le implicazioni tecniche e sociali.

Siti Web e Blog

Oltre ai libri e alle riviste scientifiche, anche i **siti web e i blog** offrono aggiornamenti immediati e sono ideali per chi preferisce contenuti accessibili digitalmente. Alcune risorse popolari includono:

- **Towards Data Science**: ospitato su Medium, questo blog offre articoli accessibili su vari aspetti dell'IA e del machine learning, scritti da esperti e professionisti del settore. È una risorsa preziosa sia per i principianti sia per i professionisti.
- **Analytics Vidhya**: rivolto a una community internazionale di data scientist, questo sito offre tutorial, guide pratiche, webinar e competizioni per chi desidera ampliare le proprie competenze in data science e machine learning.
- **Blog di OpenAI**: il blog di OpenAI è una risorsa eccellente per chi desidera seguire i progetti e le innovazioni più recenti di OpenAI, come i modelli GPT. I post del blog includono approfondimenti tecnici, ricerche e considerazioni etiche.

Consultare questi siti e blog permette di restare aggiornati su best practice, strumenti e tendenze emergenti.

Capitolo 8: Conclusioni

L'ultimo capitolo di questo libro è pensato per raccogliere e consolidare i concetti fondamentali che abbiamo esplorato. L'IA, nel contesto aziendale, è più di una semplice innovazione tecnologica: rappresenta un'opportunità trasformativa, che tocca ogni settore e offre a chi la adotta con consapevolezza una serie di vantaggi in termini di produttività, efficienza e competitività. Attraverso i capitoli, abbiamo visto come l'IA possa migliorare i processi aziendali, dalla gestione della supply chain all'analisi predittiva nel marketing, fino alla creazione di valore attraverso la personalizzazione e la trasformazione dei dati in conoscenza strategica.

Riepilogo dei Capitoli e dei Temi Chiave

Abbiamo iniziato con una panoramica sulle applicazioni dell'IA in ambito business, evidenziando come strumenti come il machine learning e l'analisi dei big data possano generare intuizioni preziose. Nel corso dei capitoli successivi, abbiamo esplorato le tecnologie emergenti e i principali strumenti open source, offrendo una guida per selezionare le migliori soluzioni disponibili per ogni necessità aziendale.

Particolare attenzione è stata dedicata anche all'implementazione pratica dell'IA: dall'identificazione degli obiettivi aziendali alla gestione della privacy, fino alla risoluzione delle sfide tecniche. Attraverso i case history abbiamo visto esempi concreti di successo in vari settori, mostrando l'impatto dell'IA su retail, finanza e manifattura. Ogni capitolo ha contribuito a costruire una visione completa dell'IA come strumento strategico e pratico per il business.

Sfide e Opportunità Future

Le opportunità offerte dall'IA sono affiancate da una serie di sfide che non possono essere ignorate. Sul piano etico, i temi legati alla trasparenza e alla gestione responsabile dei dati richiedono attenzione per evitare distorsioni e bias che potrebbero compromettere sia l'efficacia che la fiducia nelle applicazioni IA. Tecnologicamente, l'integrazione dell'IA richiede risorse adeguate e una governance attenta che garantisca la continuità e la qualità dei risultati. A livello normativo, l'evoluzione delle regolamentazioni sulle tecnologie avanzate impone una vigilanza continua per essere sicuri di operare nel rispetto delle leggi e della sicurezza dei dati.

Invito all'Azione

L'IA è in costante evoluzione, ed è cruciale che i professionisti del settore rimangano aggiornati per sfruttare appieno le sue potenzialità. Un invito per tutti coloro che hanno seguito questo percorso è quello di intraprendere una formazione continua, esplorando le risorse consigliate, dai corsi online alle certificazioni. I capitoli dedicati alla formazione e ai libri di riferimento forniscono una base solida per iniziare, mentre le comunità online e le conferenze di settore sono ottime occasioni per aggiornarsi su nuovi trend e pratiche.

Consigliamo di dedicare tempo anche allo sviluppo delle competenze trasversali, come la capacità di risolvere problemi complessi e il pensiero critico, che permetteranno di affrontare le sfide future in modo più versatile. L'upskilling e il reskilling costanti garantiranno una crescita personale e professionale in linea con l'evoluzione del settore.

Visione per il Futuro

Guardando al futuro, l'intelligenza artificiale offre una prospettiva entusiasmante non solo per le aziende, ma per la società nel suo complesso. Grazie a un approccio etico e a una formazione mirata, l'IA ha il potenziale per risolvere problemi complessi e contribuire a modelli di business innovativi. Dall'automazione alla sostenibilità, passando per la personalizzazione dei servizi, l'IA può diventare una risorsa preziosa per creare valore economico e sociale.

Abbracciare l'IA significa non solo adottare una nuova tecnologia, ma anche riconoscere le sue potenzialità per il futuro del lavoro e dell'innovazione. La chiave di questa trasformazione è la consapevolezza che un utilizzo responsabile e collaborativo dell'intelligenza artificiale può portare a un futuro in cui le capacità umane e artificiali lavorano insieme per creare una realtà migliore.

Concludendo, il messaggio che questo libro desidera lasciare è che l'IA, integrata in modo consapevole e strategico, può rappresentare un vantaggio competitivo, una risorsa per la crescita e un'opportunità per fare la differenza.

* 9 7 9 8 3 0 0 0 8 9 9 3 1 *